艺·筑之路

THE ROAD TO ART AND ARCHITECTURE

城市语境下
医疗建筑和大科学装置建筑的
多样性表达

DIVERSE ARCHITECTURAL EXPRESSIONS OF
HEALTHCARE BUILDINGS AND LARGE SCIENTIFIC FACILITIES
IN URBAN CONTEXT

蒋媖璐　JIANG Yinglu　著

同济大学出版社·上海
TONGJI UNIVERSITY PRESS·SHANGHAI

作者简介
ABOUT THE AUTHOR

蒋媖璐
JIANG Yinglu

华建集团上海建筑设计研究院
方案主创建筑师 / 高级工程师

教育背景

自幼学习艺术，师从中国当代抽象派画家丁乙先生。2006年7月毕业于中国美术学院建筑系。

工作背景

从事建筑设计17年。作为大科学装置建筑和医疗建筑方案设计的主创建筑师，曾参与数个国家级大科学装置建筑和30多个医疗建筑项目，具有丰富的相关设计经验。

原创并主持设计的主要工程项目包括：上海硬X射线自由电子激光装置及线站、合肥先进光源项目、深圳综合粒子设施研究院、深圳中能高重复频率X射线自由电子激光项目、AI国家实验室、深圳中能同步辐射光源装置、大连先进电子束测试平台项目、重庆超瞬态实验装置项目，以及上海市疾病预防控制中心新建工程、上海万科儿童医院、上海协华脑科医院、上海览海西南骨科医院、瑞金医院无锡分院、上海第六人民医院海口骨科和糖尿病医院、山东省肿瘤防治研究院技术创新与临床转化平台项目、临沂金锣糖尿病康复医院新院、海南省中医院新院区、苏州君奥医院、成都健康医学中心科创空间概念设计等。

序
FOREWORD

21世纪以来，中国经济发生了质的飞跃，城市建设也逐渐由高速增长阶段进入了高质量发展阶段。从物质层面到精神层面，社会各界对建筑设计提出了多层次、全方位的要求，从而推动了建筑业的高品质发展，优秀的设计作品大量涌现。近些年来，关系到国计民生的医疗建筑和承载着国家最尖端科学研究工作的大科学装置建筑的设计品质越来越受到全社会的关注。

上海建筑设计研究院有限公司从建院之初一直致力于中国医疗建筑的设计和研究，经过几代人的不懈努力和薪火传承，设计建造了延续几个时代的经典医疗建筑精品，尤其是进入21世纪以来，多个该类型的建筑项目获得中国勘察设计协会优秀设计奖。近二十年来，公司又集中力量，聚焦中国大科学装置建筑，先后设计完成了多个技术难度大、个性鲜明的工程项目。

就专业技术而言，医疗建筑和大科学装置建筑都属于极其复杂的、高难度的特殊建筑类型。在满足其功能需求的同时，如何让建筑更富有个性、空间品质更高，以及如何设计出让使用者更觉舒适、更能体现人性关怀的工作与疗愈环境，是建筑师始终思考和努力追求的设计目标。

蒋娱璐女士作为上海建筑设计研究院有限公司一名长期从事医疗建筑和大科学装置建筑造型设计的创作型建筑师，经过多年坚持不懈的专业探索，结合亲身参与的多项创作实践，从历史文脉的延续、环境的在地营造以及地域风格的彰显三个方面对这两类建筑设计的多样性表达进行了细致的梳理和系统的总结。我相信，在力求建筑功能性与艺术性高度统一的设计宗旨指导下，针对实际项目的设计经验一定会对业界从事同类型设计创作的同仁有所启迪，同时也希望能借此引发大家对这两种特殊类型建筑创作的更多关注和思考。为进一步提升中国医疗建筑与大科学装置建筑的设计水平，我们一起努力。

华建集团上海建筑设计研究院　首席总建筑师
医疗建筑设计研究院　院长

目录
CONTENTS

005　序　/ 陈国亮
　　　FOREWORD　/ CHEN Guoliang

009　绪论：城市语境下医疗建筑和大科学装置建筑的多样性表达
　　　INTRODUCTION: DIVERSE ARCHITECTURAL EXPRESSIONS OF HEALTHCARE BUILDINGS AND LARGE SCIENTIFIC FACILITIES IN URBAN CONTEXT

013　1　历史文脉的延续
　　　CONTINUATION OF HISTORICAL CONTEXT

- 014　上海协华脑科医院
- 022　成都健康医学中心科创空间概念设计
- 032　重庆超瞬态实验装置项目
- 042　瑞金医院无锡分院

047　2　环境的在地营造
　　　LOCAL CONSTRUCTION OF ENVIRONMENT

- 048　深圳医院改扩建二期工程概念设计
- 056　上海万科儿童医院
- 062　上海览海西南骨科医院
- 068　上海市疾病预防控制中心新建工程
- 074　四川大学华西东部医院医技楼概念设计
- 078　苏州君奥医院
- 082　浦江实验室永久用房项目概念设计
- 088　合肥先进光源项目
- 096　临港新片区生命蓝湾国际研究型医院概念设计
- 100　徐汇区精神卫生中心新院
- 102　大连先进电子束测试平台项目

107　3　地域风格的彰显
　　　MANIFESTATION OF REGIONAL STYLE

- 108　临沂金锣糖尿病康复医院新院
- 116　山东省肿瘤防治研究院技术创新与临床转化平台项目
- 126　中山大学附属第一（南沙）医院概念设计
- 134　新疆和美医院概念设计
- 142　海南省中医院新院区（含省职业病医院）

绪论
INTRODUCTION

城市语境下医疗建筑和大科学装置建筑的多样性表达
DIVERSE ARCHITECTURAL EXPRESSIONS OF HEALTHCARE BUILDINGS AND LARGE SCIENTIFIC FACILITIES IN URBAN CONTEXT

21世纪是世界经济与科学技术高速发展的时代，也是全球城市化的步伐高歌猛进的时代；因此，我们今天所面临的城市问题，相比于历史上的任一时期，都有所不同。

城市语境

快速发展的城市化进程，打破了人们传统以自然地缘性限制条件为依托的固有思维模式。一方面，城市的向心凝聚力和生发内驱力导致了城市形态变量需要在更为科学和本质的思考维度中进行设计与演化；另一方面，人本主义的日益凸显，让原本注重形式化、功能性的设计得以反思。人类高密度聚集后所产生的对使用空间的种种要求，是否能够增加另一个设计审视维度呢？即从人类生存与城市发展的整体关系出发，把城市作为话语的基本单位，提出"城市语境"的概念，建立同益共存的设计体系，思考城市形态的存在意义，甚至更深层次地去思考人类社会的存在意义。

如何在城市形态普遍雷同化的今天，反思城市个性化资源的构成价值，并在城市语境的背景下寻找城市建筑的个性定位、赋予建筑更多温度感，成为建筑师们的"今日课题"。

功能性建筑的设计诉求

在城市化不断推进的当今社会，随着各地城市规划设计水平的不断提升，人们对建筑设计提出了更高的诉求。科学、系统且个性化的建筑设计更能符合特定的城市语境，在满足使用功能需求的前提下，提升城市的整体魅力。

在众多的建筑中，医疗建筑和大科学装置建筑作为功能性建筑的代表，一直强调的是功能性大于美观度，然而这显然已不能满足当今城市环境的整体规划和社会审美的要求。因此，在保证具备良好功能性的前提下，如何使医疗建筑与大科学装置建筑和谐地融入城市语境，探讨功能性建筑的多样性表达，是每个建筑设计师在方案设计阶段需要着重考虑的问题。

在城市语境下，"建筑的多样性表达"是指建筑物的外观和内部设计需要充分反映它们所在城市或社区的文化、历史和环境等方面的特征，并将这些特征转化到建筑物的造型、尺度、材料、色彩和细节等各方面的设计中，使其得以充分表达。

医疗建筑和大科学装置建筑是城市功能重要的组成部分，也是能够作为城市名片的标志物。它们不仅提供基础的医疗和科研服务，同时也是城市形象的一部分。因此，在设计这两类建筑时，在满足其不同的功能和服务要求的前提下，建筑师需要慎重考虑其所在的城市环境，使其更好地融入城市景观，与周围的建筑和环境协调一致，和谐共生。

本书以有限的篇章及典型工程案例探讨了城市语境下医疗建筑和大科学装置建筑的设计多样性，通过深入挖掘建筑设计中的历史元素、环境肌理、地域风格和功能特色，深入阐释多样性表达的设计理念和操作策略。

医疗建筑与大科学装置建筑的设计要点

1. 医疗建筑

设计医疗建筑，首先需要明确对于这种特殊类型的功能性建筑，要完成哪些必备的功能设计任务，才能满足医学诊疗和学科科研的要求；其次，要考虑作为建筑使用者之一的患者在生理和心理上的特殊需求，要提供怎样的环境条件，才能够为他们带来温馨、愉悦的空间感受。因此，在特定城市语境的基础上，充分考虑建筑本身和大环境的艺术性适配后，建筑师需要精心"雕琢"医疗建筑的内在呈现。

（1）**功能性与舒适性**：医疗建筑的首要功能是提供医疗服务，因此建筑设计必须考虑到医疗服务的需求和特点。此外，医疗建筑需要提供舒适的环境，以促进患者的康复；因此，医疗建筑的设计应该注重舒适性和人性化，例如设计合理的空气流通、照明采光、噪声控制等。

（2）**安全性与隐私性**：医疗建筑设计不仅要保证医疗服务的质量和效率，还需要确保患者和医护人员的人身安全以及患者的隐私，例如手术室和诊疗室中具有安全防护和隐私保护的细节设计。

（3）**灵活性和可扩展性**：医疗建筑设计需要考虑空间对不同医疗服务需求的灵活适应，以及医院在未来的规模扩展和技术升级等问题，例如设计可移动的隔板和可变化的空间布局。

（4）**科学性与技术性**：不同类型的医疗服务需要匹配相应的专业技术和诊疗设施，因此医疗建筑的设计应该有针对性地考虑这些技术因素。例如针对手术室需要配备精密仪器和无菌操作的要求，建筑空间也要随之进行特殊设计。

（5）**人性化设计**：医疗服务的对象是病患；因此，医疗建筑设计首先考虑的是要为病患提供舒适的环境，例如通过软装、绿化、艺术品等方式来营造轻松宜人的就医氛围，以此减轻病患的痛苦和焦虑。其次，医疗建筑中要有便捷的交通体系和无障碍通道，以方便患者进出和移动。

2. 大科学装置建筑

无论是使用功能，还是使用者特性，大科学装置建筑都与医疗建筑极其不同；因此，对于大科学装置建筑而言，设计应着重考虑以下方面。

（1）**空间功能**：大型或高精密的科研装置需要特殊的空间形态和建筑处理来支持其运行；因此，在大科学装置建筑的设计中，需要针对相关设备的技术需求匹配相应的空间设计。此外，建筑师还必须充分考虑设备之间的安全距离、通风和冷却等因素，确保设备高效、稳定地运行。

大科学装置的运作相较普通科研工作有更多、更复杂的空间需求，通常需要配套设计更加多样化的实验室、试验场地等辅助空间；因此，在充分满足其空间需求的同时，协调好各种空间彼此间的关系成为一个设计重点。

（2）**环境条件控制**：大科学装置建筑通常需要较普通科研建筑更加严格的环境指标控制，如温度、湿度、氧气浓度等；因此，需要有针对性的空间设计和建筑设备设计，以确保大科学装置能够在规定的环境条件下运行，以获得准确的实验结果，如设计特殊的空调系统、过滤系统等。

在大科学装置的运行过程中，往往还需要持续且充足的电力及水资源供应；因此，在设计伊始，就要根据其需求考虑是否配备独立的供应设施及其相关的空间设计。

（3）**安全保障**：安全性是大科学装置建筑设计需要考虑的重要因素。大科学装置建筑通常需要较普通科研建筑更加严格的安全保障措施，如防火、防爆、防辐射等；因此，特殊的建筑材料、防火设备、防爆设备等都需要纳入设计考量中。此外，环保也是大科学装置建筑在安全设计方面不可或缺的重要环节，要确保各种实验活动不会对周围环境造成污染。

（4）**联通配套**：大科学装置建筑通常需要较普通科研更为复杂的服务联通配套，如与计算机网络、数据中心、仓库等的联通；因此，为了确保科研工作的顺利进行，在建筑规划和设计中必须充分考虑这些复杂的服务联通需求，将独立的通信网络中心、数据中心和仓库作为大科学装置建筑的组成部分，并确保其相互间高效、便捷的连接。

（5）**维护保养**：大科学装置通常需要特殊的维护保养措施，对此需要有针对性的建筑设计。通过合理规划设备的维护空间、维修通道和服务通道，设立必要的安全措施等手段，保障大科学装置工作流程的顺利开展，为相关科学研究助力。

（6）**节能与可持续性**：大科学装置建筑通常需要大量的能源和资源来支持其运作；因此，在设计上，节能与可持续发展是必须重点关注的问题，如科学设计通风循环系统、采用节能的建材、设置太阳能供热系统和雨水收集系统等。

（7）**地标性建筑的外观设计**：在城市语境中，大科学装置建筑往往会因其地位的重要性和庞大的体量成为彰显一个城市实力的重要"名片"。作为当之无愧的地标性建筑，其外观应具有独特性，这可以通过特殊的建筑形态、建筑材料和色彩等设计手法来实现。

作为一名建筑师，肩负的专业使命和社会责任重大。这需要我们在日常工作中，全面考虑城市语境下的历史文脉和地域文化，提高建筑的人文内涵，针对医疗建筑和大科学装置建筑的独特性与专业性，努力寻求多样化的表达方式，让我们设计的建筑与城市环境和谐共生。

医疗和大科学装置建筑的多样性表达策略

1. 历史文脉的延续

说到城市语境，不得不提到每个城市特定的风貌，也就是所谓的"风土人情"。一个好的建筑设计应该在方案生成阶段就将城市的历史文脉纳入其考量范畴，并在设计中加以体现和延续。

城市的历史文脉包括城市历史文化遗存、历史建筑、历史街区、历史文化名人等，这些都是城市的独特魅力所在。

对于医疗和大科学装置建筑而言，建筑设计应该考虑其在城市历史文脉中的地位和作用，秉持对话历史、解读文脉、创新传承的设计精神，尝试在立意、规划、造型、空间、细部等层面融合历史元素与文化符号，使建筑得以与周围的环境相协调，并形成一个有机的整体。

通过这种方式，建筑不仅可以在特定的城市语境下成为城市功能的一部分，还可以成为城市历史文脉的体现和延续，加深公众对城市历史文化的认识和理解，提高公众的文化自信心和凝聚力。

在建筑设计中使用具有地方特色的建构语汇，有利于表达和传承城市历史文脉，获得公众更广泛的美学认同。在实际工程项目中的操作方法总结如下：

（1）借鉴、沿用传统建筑中的部分元素或标志性符号，使新建筑与周围环境相协调。

（2）采用恰当的建筑比例和形式，如建筑高度、立面风格等，使新建筑与周围环境协调一致。

（3）采用当地特有的建筑材料，如传统砖块、石材、木材、瓦片等，使新建筑更加具有本土特色。

（4）采用当地特有的传统工艺，如建筑立面的装饰做法等，用新建筑延续城市的历史文脉。

在实际项目设计中，以上操作方法可以单独，也可以组合使用。针对具体情况，以最佳方式呈现城市语境下的建筑诗意。

本书在"历史文脉的延续"一章，以实际工程项目上海协华脑科医院、成都健康医学中心科创空间概念设计、重庆超瞬态实验装置项目为代表，展示了以上设计手法的应用及其效果。

2. 环境的在地营造

除了传承历史文脉、承袭地域文化，建筑还需要与城市特定的环境肌理相匹配，特别是对于医疗建筑和大科学装置建筑这样体量相对巨大的项目来说，更需要在设计时斟酌再三。

（1）**建筑尺度与周边环境相协调**：建筑尺度是否与周边环境相协调的衡量标准是，不破坏周边环境的整体性和美感。这要求建筑物的体量、高度和立面设计不突兀，尽量避免对周边道路、绿化以及其他建筑物带来不良影响。

（2）**建筑外观与周边环境相协调**：建筑外观的材质种类、颜色、纹理、质感等应该与周边建筑和环境相呼应。

（3）**建筑总体规划与周边环境相协调**：建筑的总体规划，包括建筑物朝向、出入口、园区道路以及建筑外部景观的设计等，要结合场地周边条件进行有针对性的特色设计，使得建筑与环境和谐共生。

本书在"环境的在地营造"一章中，以包括深圳医院改扩建二期工程概念方案设计、上海万科儿童医院、上海览海西南骨科医院、合肥先进光源项目、大连先进电子束测试平台项目等在内的 11 个实际工程案例，展示了以上设计手法的应用及其效果。

3. 地域风格的彰显

在城市语境中，新建筑除了要与其周边环境相协调，其对地域风格的彰显也是非常重要的，这有助于避免各地建筑"千佛一面"的不良现象，尤其对于大体量的医疗建筑、大科学装置建筑来说，只有具备地域风格才有可能成为独特的"城市名片"。对此，有以下三个衡量标准。

（1）**设计方案是否对地方文化和传统有所体现**：立足于当地的医疗和大科学装置建筑，应该体现地方文化和传统。例如我们在中国南方设计建造的许多医院和大科学装置建筑，通常会借鉴地方园林和传统建筑的设计手法，以营造具有南方特色的建筑风格。

（2）**设计方案是否运用了地方性材料和传统工艺**：积极使用地方性建筑材料和传统工艺可在节约造价的同时，使建筑更加适应当地的环境和气候条件，实现建筑的可持续性。例如我们在中西部设计建造的一些医院和大科学装置建筑，会使用当地的黏土砖、石材以及当地传统的建造工艺，这种做法受到当地民众的认可和赞扬。

（3）**设计方案是否将地方建筑风格与当代设计理念相融合**：针对医院和大科学装置建筑的性质与发展要求，在设计中必须要充分考虑地方建筑风格与当代设计理念的有机融合，例如将在第 3 章展示的新疆美和医院概念设计就是这方面的典型案例。

本书在"地域风格的彰显"一章中，以临沂金锣糖尿病康复医院新院为首要代表性案例，列举了 5 个实际工程项目，用以诠释地域风格在建筑设计中的重要性，以及建筑师如何从中汲取设计灵感，打造与众不同的建筑风景。

发展中的"城市语境"

谈论到城市语境，建筑师不能只满足"与当下的适配"。随着全球气候变化的加剧，建筑业将更加注重能源效率、环境友好和资源节约，医疗建筑和大科学装置建筑的设计也不例外，智能化、可持续性、人性化、自适应性、多学科交叉与多功能设计等将成为未来设计的主基调。

（1）**智能化设计**：智能化建筑设计将成为未来医疗和大科学装置建筑设计的重要方向，物联网技术、传感器、自适应照明等技术的使用，可以使建筑更加高效、安全、舒适和环保。

（2）**绿色建筑和可持续性设计**：未来的医疗和大科学装置建筑都是生态的绿色建筑，其可持续性设计内容包括使用环保材料、减少能源消耗、水资源回收和再利用等。

（3）**人性化设计**：未来的医疗和大科学装置建筑将更加注重人性化设计，会提供更加舒适的室内环境、更加便捷的建筑交通体系等，以满足不同人群的特殊需求。

（4）**自适应性设计**：未来的医疗和大科学装置建筑将会更加注重自适应性设计，这意味着建筑空间具有极大的灵活性，可以快速应变，调整空间规模，以应对各种突发状况和未来技术与设备的更新换代。

（5）**多学科交叉与多功能设计**：未来的医疗和大科学装置建筑设计会更加注重多学科交叉与融合的大趋势所带来的空间多功能化的新需求。相关专业领域的整合会为公众提供更加全面、便捷的综合性服务，而建筑空间的革命性变革也将随之到来。

随着科技的进步和人民生活水平的提高，城市对医疗与大科学装置建筑的需求也在不断增长。在城市语境中，探讨设计的多样化表达，可以让建筑师脚踏实地，立足当下，展望未来，拥抱更多的创新机遇，更好地为城市的健康和科学事业贡献自己的智慧和力量。

1

历史文脉的延续
CONTINUATION OF HISTORICAL CONTEXT

上海协华脑科医院

历史文脉的延续

根据现代医院的设计理念，我们在上海协华脑科医院设计中，提出"功能合理，资源共享，以人为本，节能环保"的设计原则，力求营造出一个拥有绿色生态花园景观和现代建筑风格的脑病专科医院。

上海协华脑科医院地处上海市闵行区华漕板块，位于虹桥商务中心的西虹桥商务区，毗邻新虹桥国际医学中心，是以神经外科为主的脑病专科医院。

基地南临闵北路，西临青虬江路，北临罗家港及市政绿带，总用地面积 15 255 平方米，总建筑面积 55 500 平方米。

本项目设计合理地组织不同的功能流线，严格执行"清污分离"的设计要求，综合运用生态与节能概念，关注能源效率、环境保护以及项目的后期运营与维护，其主要特点如下。

人性关爱的医疗环境：针对患者的心理特征，本项目设计了内外融合的绿色共享空间、多层次的绿化庭院和屋顶花园，为建筑的内部引入绿色与阳光，将大自然带到患者、患者家属和医生的休息交流场所。绿色生态的疗愈环境有利于舒缓患者心情，帮助其更好康复的同时，也有利于缓解医护人员的工作压力，提高其工作效率，从而全面提升医院的服务品质。

大气、别致的形体设计：本项目的建筑形体设计具有强烈的现代气息，呈现出一种包容、含蓄、内敛的姿态。这是一个充满生机、与周边环境和谐共生的建筑形体。

多样化的设计手法：本项目通过块体穿插，绿化退台，石材、铝板、砖红色陶板和 Low-E 双层中空玻璃等材质的搭配使用等设计手法，在打造历久弥新、经久耐看的医疗建筑形象的同时，追求精巧的细部变化，使建筑整体极富表现力。

打造全新的医疗文化：本项目设计努力将不同的使用者需求、先进的医疗信息系统、亲切宜人的就医环境和谐地融为一体，打造全新的现代医疗文化。

中国　上海市

业　　　主　上海协华脑科医院
建 设 地 点　上海市闵行区华漕社区 02 单元
总建筑面积　55 500 平方米
床　位　数　300 床
设 计 时 间　2018 年
竣 工 时 间　2023 年

CONTINUATION OF HISTORICAL CONTEXT | 015

上：建筑鸟瞰效果图；下：方案手绘稿

建筑主入口日景效果图

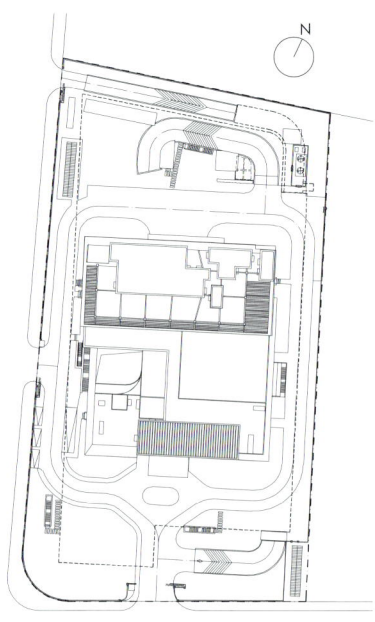

（本页）上：建筑沿河北侧黄昏效果图；下：总平面图
上海协华脑科医院立面设计别致且具有现代气息，彰显亲和、严谨的医疗建筑形象

（对页）上：屋顶花园日景效果图；下：剖面图
建筑裙房上的室外屋顶花园很好地营造了绿意盎然、温馨舒适的景观环境氛围，成为患者与医护人员休憩、放松的良好去处

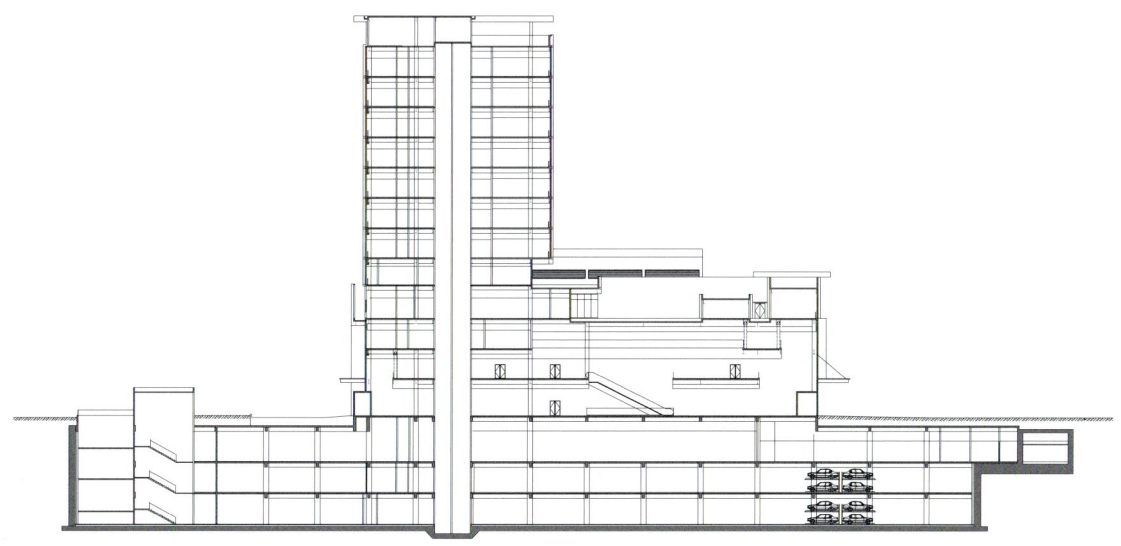

CONTINUATION OF HISTORICAL CONTEXT | 021

（本页，对页）建筑竣工实景

（本页，对页）建筑竣工实景

成都健康医学中心科创空间概念设计

历史文脉的延续

成都健康医学中心科创空间地块距离三岔湖边界约 785 米，在建筑绝对标高约 522 米（塔楼第 11 层）及其以上楼层，视线可越过华西医院直达湖景——这里是核心起步区内俯瞰湖景的最佳区域。其余地块，如华西医院集群、国际交流中心等，因距离湖面过远，不具备观湖的景观条件。

根据对建筑体量的设计测算，方案计划形成由西向东起伏变化并逐渐升高的建筑天际线，完成从三岔湖到未来医学城核心起步区的过渡。项目建成初期将形成相对完整的小环境，未来融入医学城的大环境，完成整个区域的资源共享。

项目地块内设置了科研、办公及其配套用房、专家公寓、停车等功能。其中，实验/办公空间注重内部的实用性和可转换性，以简洁的造型体现科学研究场所的严谨气质；建筑裙房形成商业街区的设计灵感源自成都当地的民居聚落，从传统建筑亲切的街道尺度中提取空间原型，通过新型建筑结构和材料的转译，在保留城市文化记忆的同时，打造出面向未来的东部新城区氛围。

中国　四川省　成都市

业　　主　成都医疗健康投资集团有限公司
建 设 地 点　成都东部新区董家埂镇
总建筑面积　133 000 平方米
设 计 时 间　2022 年

CONTINUATION OF HISTORICAL CONTEXT | 023

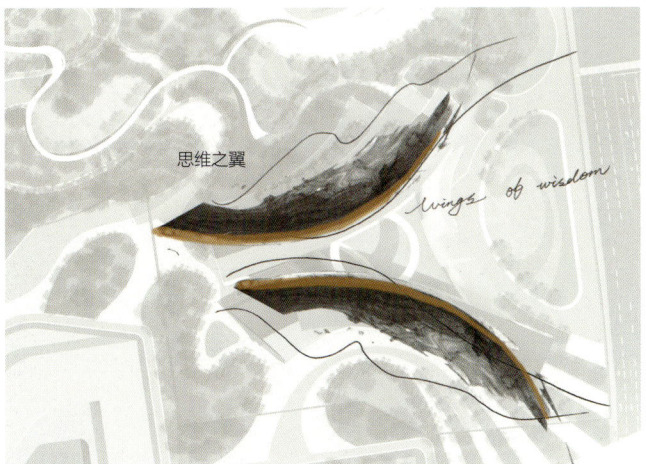

上：建筑鸟瞰效果图；左下：概念草图；右下：总平面图

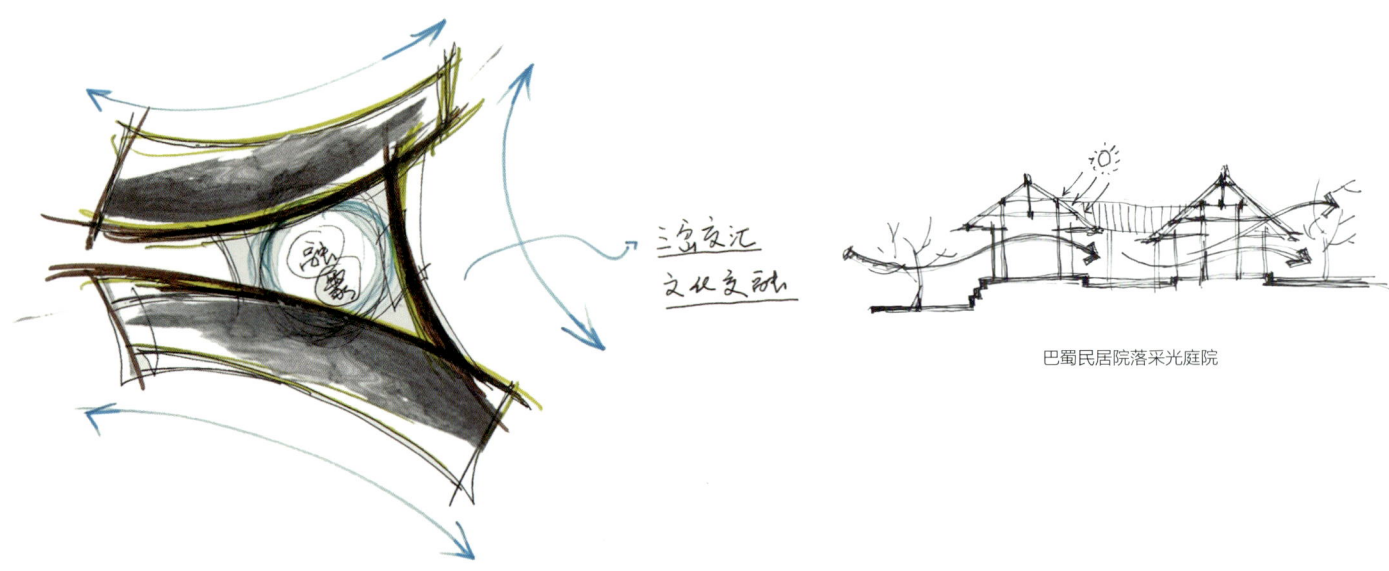

巴蜀民居院落采光庭院

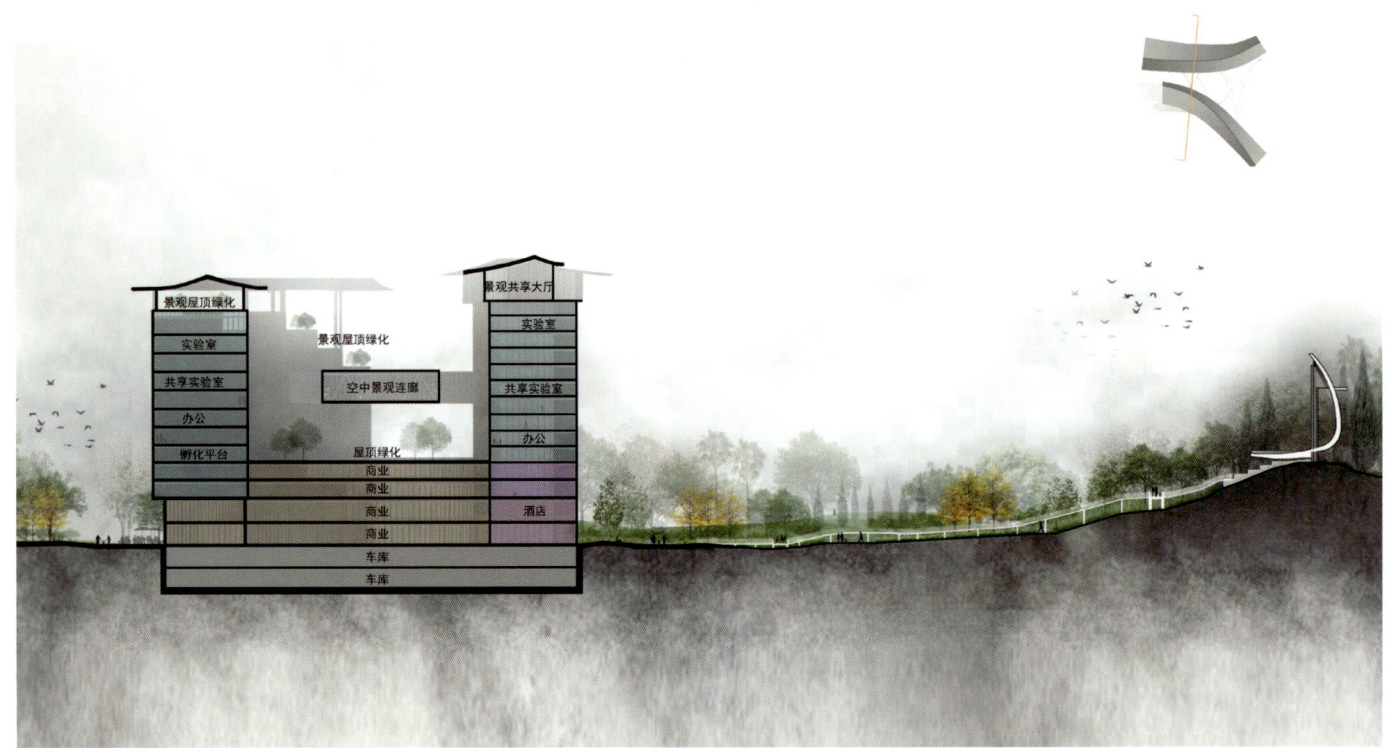

剖面图

CONTINUATION OF HISTORICAL CONTEXT | 025

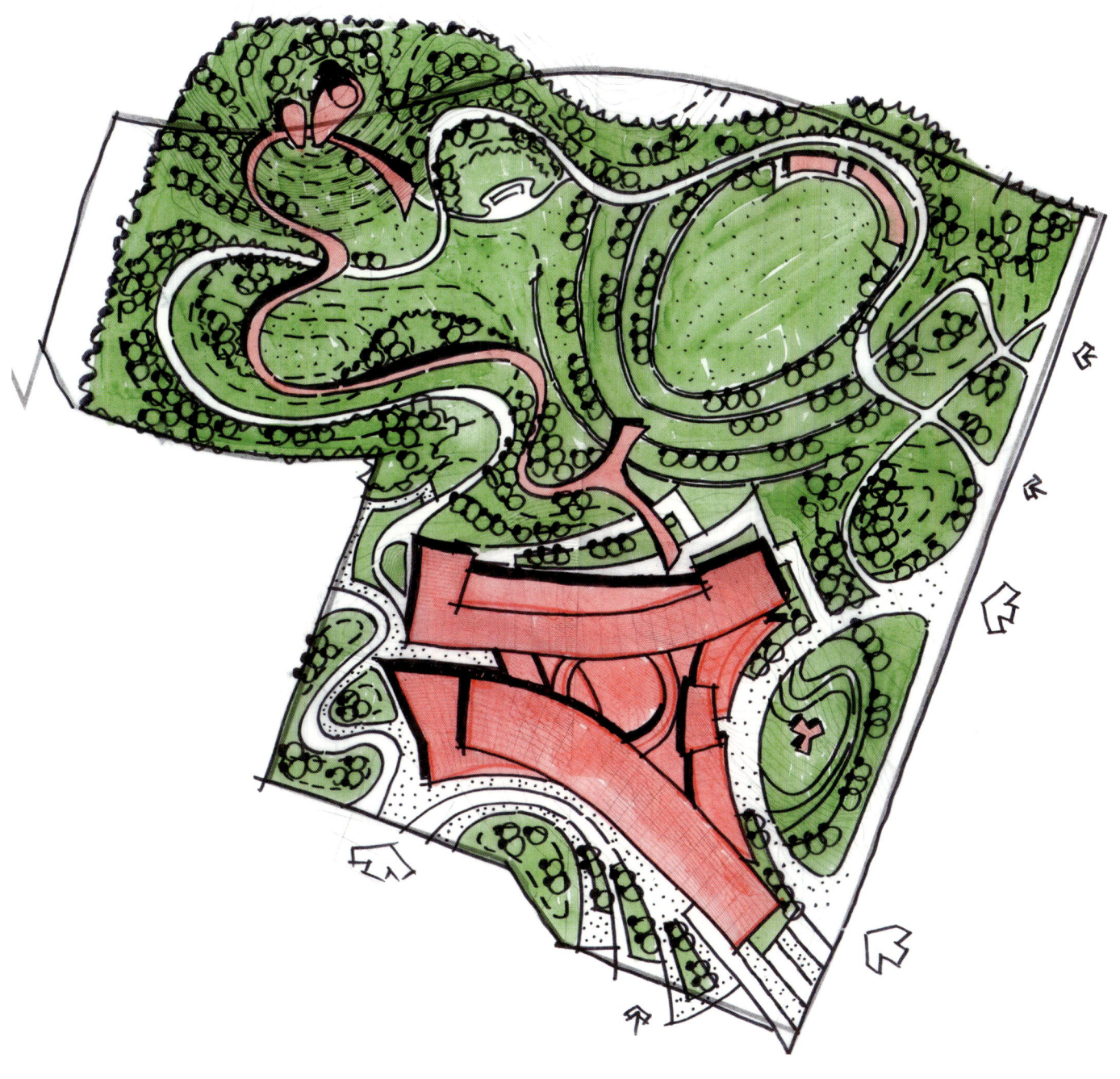

（本页）手绘总平面图
（对页）设计理念手绘图

随山势，循水态，以建筑形体的三方动势，喻"古今文化的交融"。根据地域特点，量身打造建筑形态。融入巴蜀传统建筑风格的同时，在设计上着重考量了当地的山水地貌和成都本地的日照和风候情况，营造出与自然山水相生相依、具有当地传统文化特色的现代建筑。
建筑以舒展的弧形体块融入周围山势中，同时与三岔湖的水态相呼应。东部的大开口可以使建筑在更大程度上沐浴阳光；而西面的小开口可以减少西晒时的受光面积，使建筑更加节能环保

026 | 历史文脉的延续

结合巴蜀地域文化建筑元素

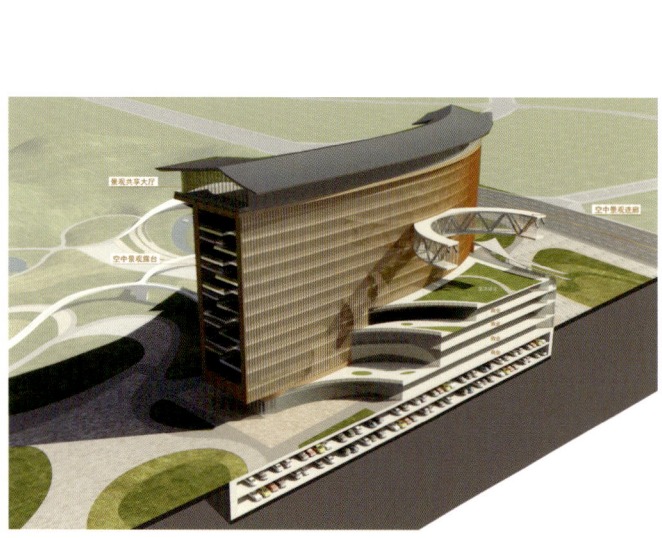

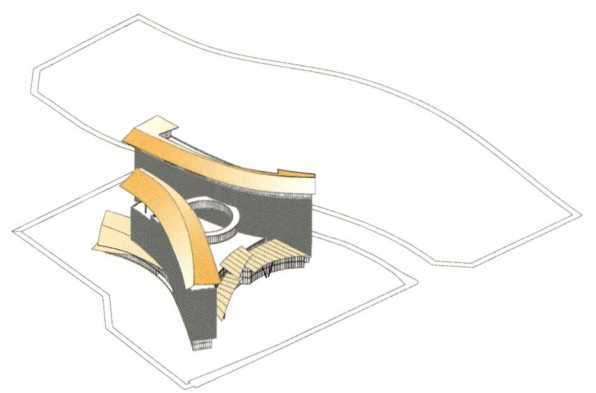

结合巴蜀地域文化建筑元素

（本页）建筑剖透效果图
（对页）建筑沿街日景效果图

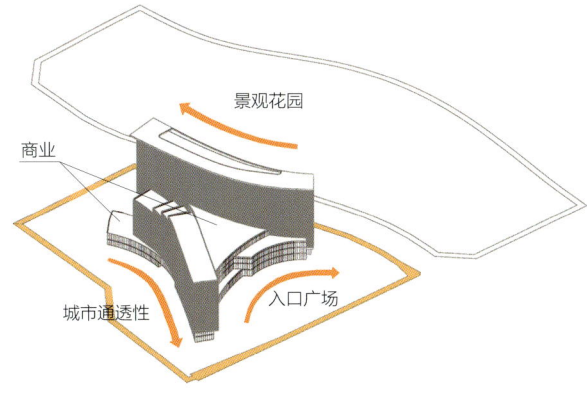

三岔交汇，文化交融

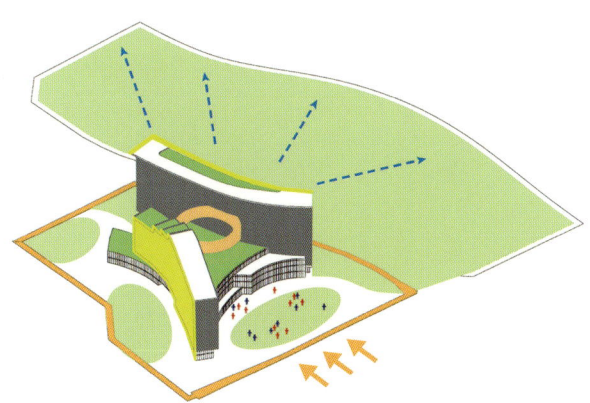

广场空间，城市花园

建筑夜景效果图

建筑日景效果图

1 历史文脉的延续

重庆超瞬态实验装置项目

本项目集成同步辐射光源和超瞬态电子显微,瞄准国民经济主战场,并结合成渝双城经济圈重点领域和支柱性产业重大关键共性技术需求,实现基础研究和产业技术的融通创新,以推动成渝地区双城经济圈建设,引领西部地区高质量发展。

本项目位于重庆市高新区(成渝科创中心重大科技基础设施聚集区内),该区域是中国(西部)重庆科学城的核心区,建设用地500亩(约合33.3公顷),距离重庆大学约3千米,距离高铁站约10千米,距离机场约40千米。区域内规划有高铁站和4条地铁线路。基地的地理位置优越:西侧群山环抱,绿树掩映,又有虎溪河干流蜿蜒而过,景观资源丰富;东侧的道路北至大学城,东至莲花湖风景区,交通便利。

按照"总体规划、分类实施"的设计原则,项目建设周期为4年,分两期实施。一期用地较为方整,南北长约345米,东西长约287米;二期规划用地较为狭长,南北长约1124米,东西最宽处约385米。

设计概念"infinitas"(无穷):一方面,"无穷"用以表达科学家们在科学领域无极限的追求和锲而不舍的拼搏精神。另一方面,独特的设计概念成就了寓意深厚的建筑造型——以"无穷"的数学符号"∞"为基础,建筑造型如一大一小两个传动的齿轮。其中的寓意是:"大齿轮"象征着国家的经济实力,"小齿轮"象征着发展中的科学技术和科研力量,而两个齿轮的传动运转则象征着"小光源带动大使命,大国崛起科技先行"。

本设计用鲜明的建筑语言诠释了这个非凡项目的功能特质,并以充满寓意的标志性整体造型呈现出一个国际级科研装置建筑的不同凡响。

中国 重庆市

业　　　主　重庆大学
建 设 地 点　重庆市高新区
总建筑面积　144 600 平方米
设 计 时 间　2021年

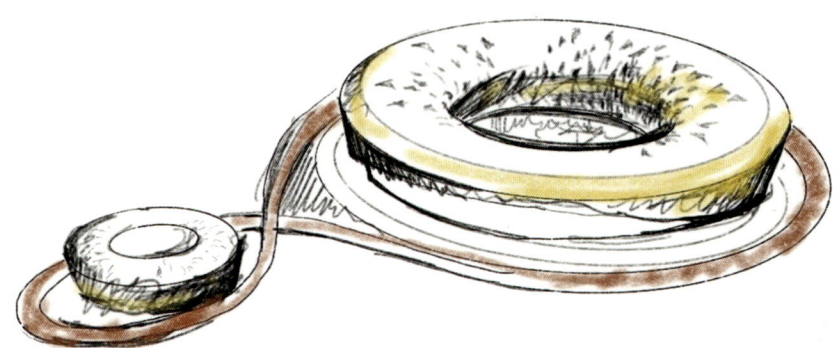

上：建筑鸟瞰效果图（1）；下：设计概念草图，建筑外形的灵感来自数学中的无穷符号"∞"

建筑鸟瞰效果图（2）

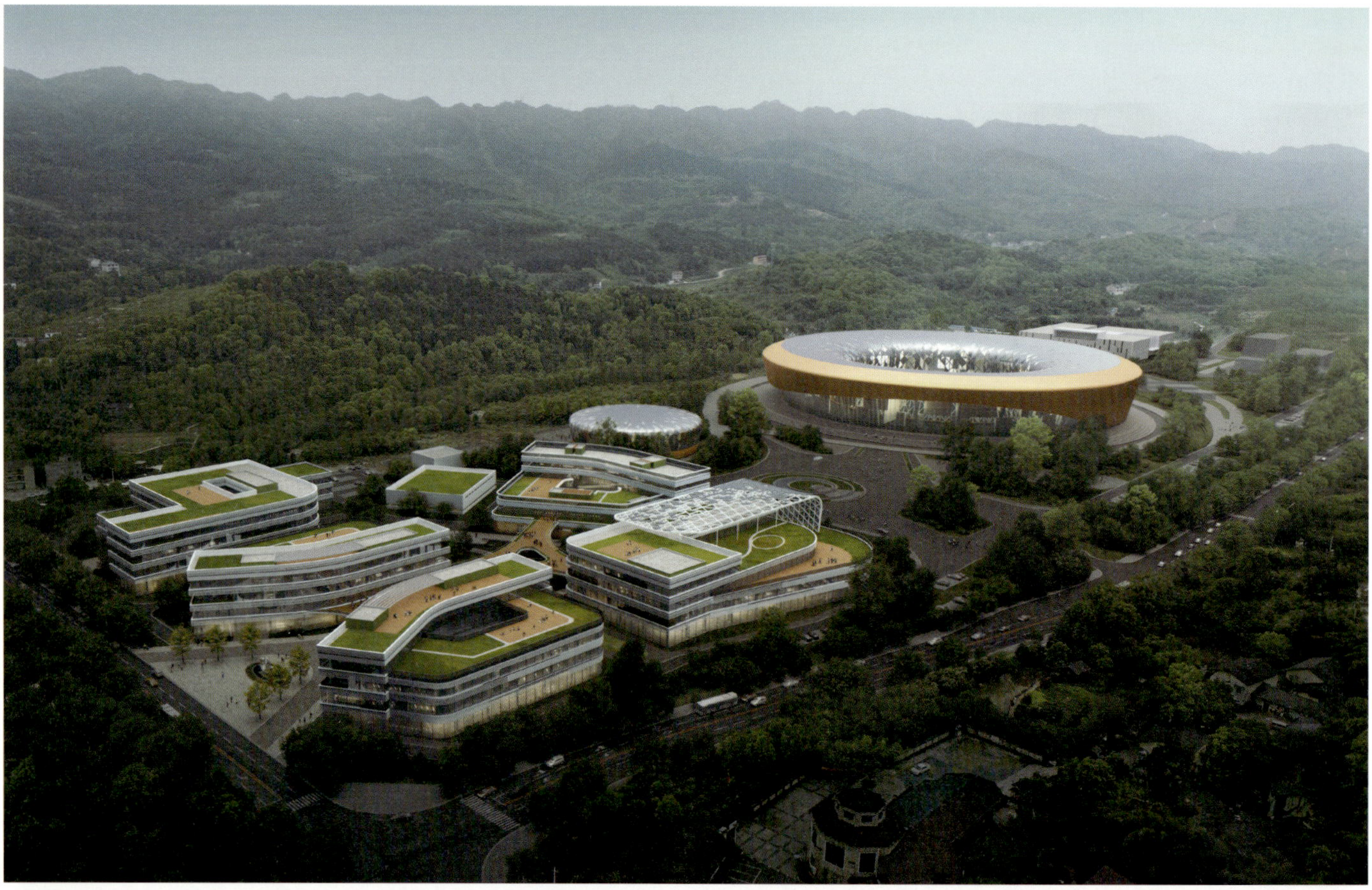

生活宿舍区
电镜
主环线站大厅
服务中心+超瞬态科学研究楼
计算机中心+仓储
1#超瞬态科学研究楼
3#超瞬态科学研究楼
光源装置建筑之线站大厅
动力用房
2#超瞬态科学研究楼
光源装置建筑之直线加速器（地下）
光源装置建筑之辅助用房
动力用房
动力用房

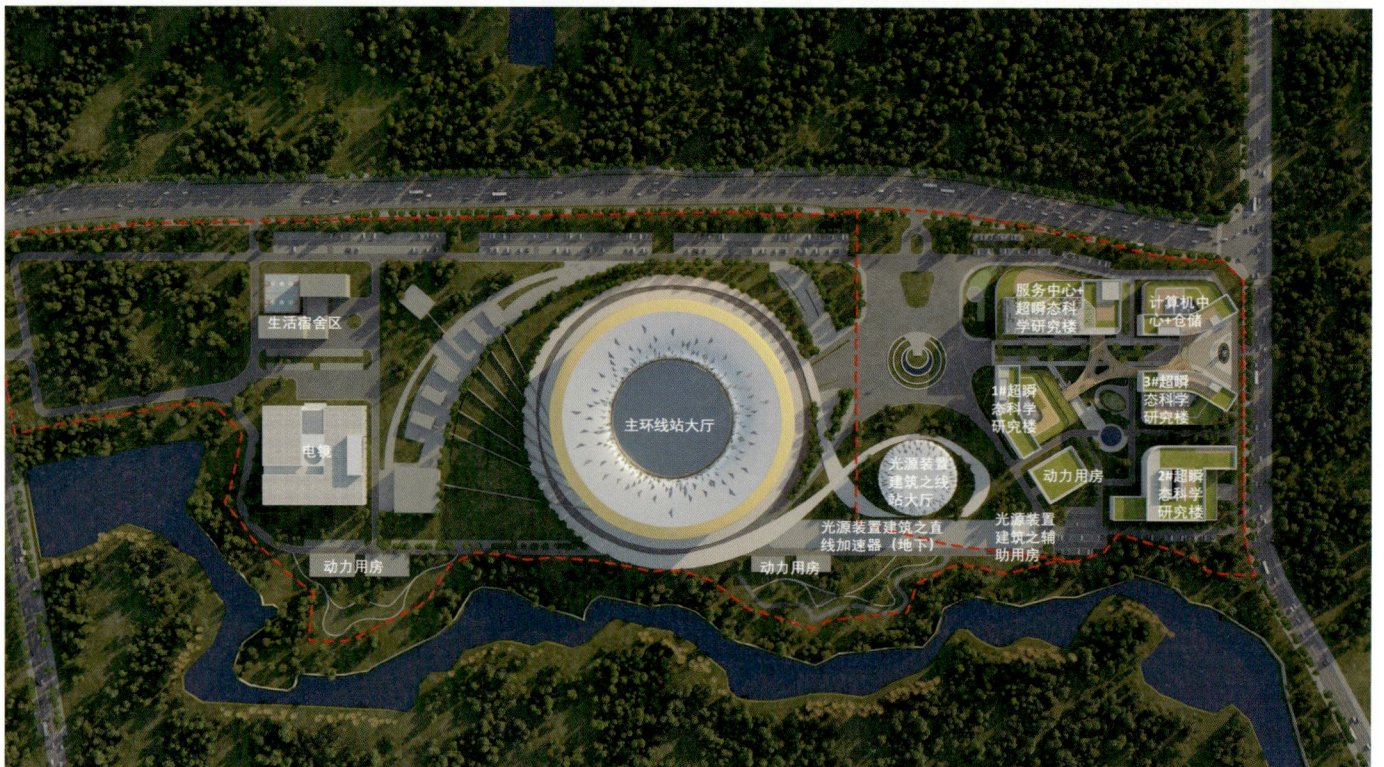

CONTINUATION OF HISTORICAL CONTEXT | 037

(对页)上：建筑鸟瞰效果图（3）；下：超瞬态实验项目装置总平面图
(本页)建筑鸟瞰效果图（4）

本项目是以大科学装置建筑为主体的科研类建筑园区。为契合重庆独特的山水环境，整个建筑布局以及建筑形体都采用柔和的曲线组合

CONTINUATION OF HISTORICAL CONTEXT | 039

| 科学，一维与秩序 | 表皮简化 | 自然，树干 | 光影控制 |

（对页）超瞬态科学中心透视夜景效果图
（本页）上：电子显微镜实验室日景效果图；下：主体建筑表皮概念设计

设计通过不同建筑立面材料的组合，呈现出一个充满生机、与周边自然环境和谐共生的建筑群落

(本页)超瞬态装置实验室日景效果图
(对页)超瞬态装置实验室入口大厅效果图

瑞金医院无锡分院

历史文脉的延续

本项目基地位于江苏省无锡市高新技术开发区（新吴区），地处长江三角洲腹地，西接新区梅村镇，东邻锡山区鹅湖镇，南连苏州相城经济技术开发区，北靠锡山区安镇。基地周边为环境优美的鸿梅医疗康养集聚区。

由于无锡是良渚文化的重要起源地，本设计概念取自良渚玉器上的"神徽纹"，寓意为"瑞玉呈祥"。在拉开的建筑体量中置入庭院——这是医院的中心花园和精神场所所在，将广慈楼局部嵌入现代感十足的全玻璃幕墙中，主要人流交通由西侧仪式性广场引入。以切削的方式塑造新建筑体量，以形成瑞金独特的"金"字天际线。

项目突出"互联网+医疗"的模式，旨在围绕医院医疗业务，建成医疗与"产、学、研"一体化的科创转化中心，探寻未来医疗新模式，形成健康新业态（综合康复、健康管理等），打造智慧医疗范本。设计理念如下。

传承历史，延续瑞金精神内核：项目设计呼应一期老建筑外立面，立足当下，放眼未来，以更为现代化的建筑语言表达场地精神。

整体规划构架：一轴、双核、三片、多中心。

一轴——利用空中连廊，连接一期医疗街，并向南延伸，构建医疗发展主轴，贯穿南北各大片区，串联、整合各大医疗中心。

双核——北侧地块围绕一期现有医疗功能整合提升，形成"综合医疗核"，以支撑一、二期医疗功能的高效开展；南侧地块以科创中心组团为核心，构成"科研创新核"，为医院未来的长期发展提供充足动力。

三片——整个院区分为医疗片区、科研行政片区和生活片区。医疗片区通过连廊相接，强化一、二期功能的联动性；科研行政片区紧邻中心轴，位于基地东南角，相对独立，又与各区有便捷的联系；生活片区主要为专家宿舍以及相应的生活配套设施。

多中心——以学科病种及功能特质为导向，形成功能完善、配套齐全、特色鲜明的各大医疗中心，以期提升病患的诊疗效率和就医体验，并为医务工作者的学习、交流和科研临床转化提供便利。

通过以上整体规划架构有机整合南北两期建设地块上的医疗建筑群，打造一座现代化研究型的三级甲等综合医院。

中国　江苏省　无锡市

业　　　主　瑞金医院
建 设 地 点　无锡市高新技术开发区（新吴区）
总建筑面积　143 000 平方米
床 位 数　700 床
设 计 时 间　2023 年

CONTINUATION OF HISTORICAL CONTEXT | 043

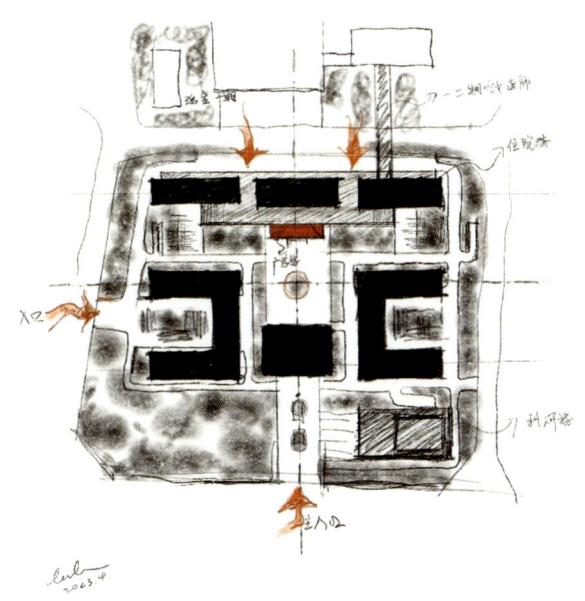

上：建筑鸟瞰效果图（1）；下：设计概念取自良渚玉器上的"神徽纹"，寓意为"瑞玉呈祥"

（本页）总平面图
（对页）院区主轴方向全景效果图

上：院区夜景鸟瞰效果图；下：建筑沿街日景效果图

2 — 环境的在地营造

LOCAL CONSTRUCTION OF ENVIRONMENT

深圳医院改扩建二期工程概念设计

本项目的设计思路是将得天独厚的山体绿脉延伸到院区内部，通过新建建筑的植入，完成从建筑空间到自然山林的有机过渡；通过重构可持续的景观肌理，塑造院区"绿肺"，打造医院的"软核心"——一个"人""自然""建筑"相融合的现代化医疗环境。

人与自然紧密关联：本设计着重营造与自然环境相融合的建筑空间，让患者和医护人员在三个层面上充分享受自然：① 步行层面。新建住院楼底部四层架空，患者和医护人员可以在底层的架空花园中漫步，亦可步行穿过建筑，去享受更大范围的山体绿化。② 视线层面。局部落地的核心筒、入口大厅、公共食堂和咖啡厅等均为透明立面，身处其中的患者和医护人员可通过对外视线感受花园环境。③ 景观层面。住院楼沿东西向展开，病房大部分布置在南侧景观面，拥有良好的景观视线和阳光照射，有利于患者的康复。后勤综合楼的曲面形态结合山体层层退台，不仅削弱了其自身的体量感，而且丰富的屋顶退台绿化成为优美的建筑"第五立面"，为住院楼的患者增添了一道风景。

建筑与自然有机融合：本设计将山体绿化带入院区的同时，将建筑内部空间延伸至室外。新建的住院楼和后勤综合楼，依据其不同的功能属性和场地肌理特征，设计采用了两种不同的策略，使建筑与山体景观紧密结合。住院楼为简洁、纯净的长方形体量，底部四层的架空减弱了较高建筑密度给人带来的压抑感，同时让南侧山体绿地景观融入院区，形成一个宁静、舒适的绿色院内空间。后勤综合楼为体态柔美的地景建筑，通过层层退台嵌入东南角的山体之中，营造出丰富的室外空间和景观环境；此外，通过形体的蜿蜒转折，有效避开了新建筑对原有住院楼景观视线的遮挡。缓缓上升的绿化草坡与山体相连，在院区与山体之间构筑起一片"城市山林"。

园林景观与坡地景观：利用地形差异，在新建住院楼处设置园林式景观，在后勤综合楼处设置坡地式景观。通过新建住院楼的底层架空和穿插其中的玻璃"盒子"，形成丰富的视线变化，弯曲的步行小径、局部点缀的水景以及作为景观背景的远山都给人一种置身于大自然的体验。在后勤综合楼处，行人通过入口广场的草坡可直达二层屋顶平台，平台上设有大片室外休闲运动场，并连接南面山体。将南北两个不同高差上的入口联系起来的蜿蜒草坡和屋顶平台可供医护人员和患者共同使用。

中国　广东省　深圳市

业　　　主　深圳医院
建 设 地 点　深圳市龙岗区宝荷路 113 号
总建筑面积　219 975 平方米
床 位 数　800 床
设 计 时 间　2019 年

LOCAL CONSTRUCTION OF ENVIRONMENT | 049

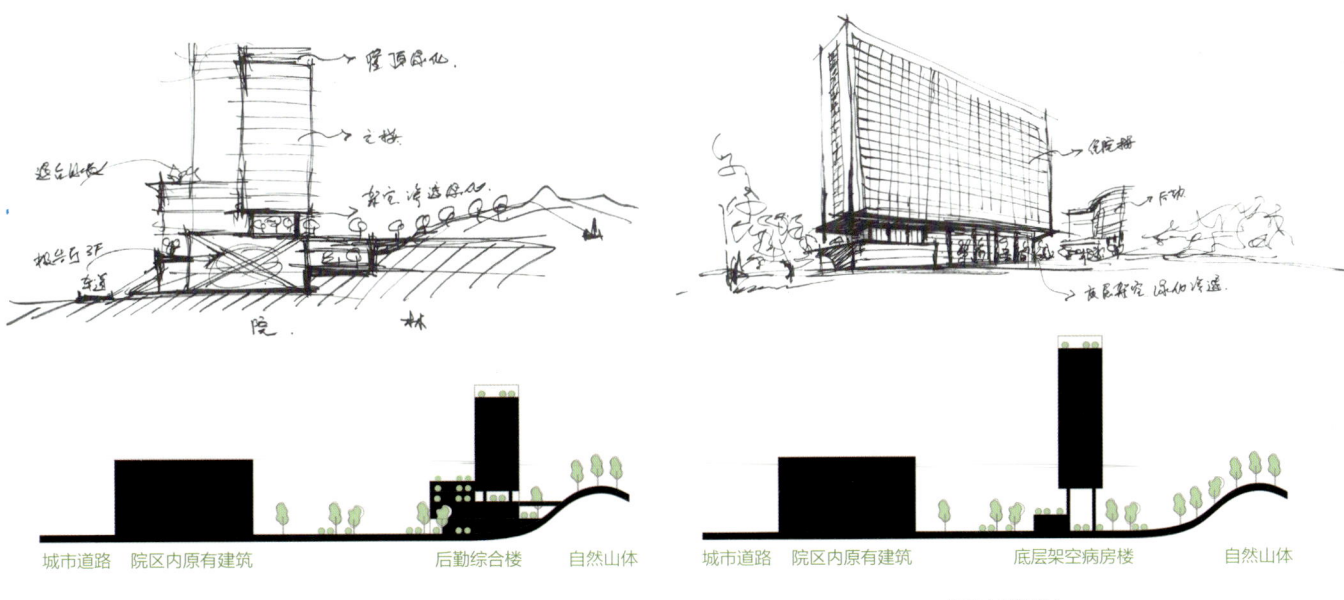

上：建筑鸟瞰效果图；中：建筑设计手绘图；下：总体设计理念示意图

（本页）上：新院区总平面图；下：住院楼黄昏鸟瞰效果图
（对页）综合楼夜景鸟瞰效果图

（本页）综合楼鸟瞰效果图
（对页）住院楼鸟瞰效果图
设计将整个新院区的绿化延伸到住院楼底部区域，不仅提供了丰富的共享交流空间，也为院区带来了良好的自然景观，为周边建筑带来了良好的采光、通风条件。建筑和自然的有机融合营造出宁静、舒适的疗愈空间

(本页)建筑大堂室内效果图
(对页)从室内看建筑底部挑高4层的室外共享花园

以室外挑高4层的景观庭院为核心的公共空间是本项目设计的重点,它有机地串联起医院各个功能空间,使医疗活动在绿色生态的环境中高效、有序地运作。通过体块的穿插、变化,通过玻璃、金属板、石材等不同质感和颜色建筑材料的对比运用,以人性化的室内设计手法营造出亲切舒适、和谐宁静的空间氛围

上海万科儿童医院

上海万科儿童医院地处上海市新虹桥商务区内，属于"上海新虹桥国际医学中心"项目的一个重要组成部分，主要承担医学中心内儿科的高端医疗服务，以努力打造具有国际医疗水准和国际化管理、服务水平的儿童医院为宗旨。

本项目设计力求充分满足现代化医院的各项功能要求，充分考虑基地特征以及儿童医院与虹桥医学园区的关系，提高资源利用效率。为此，规划设计提出了以下4项目标。

（1）21世纪现代化医院的标准

针对基地特性提出最佳的现代化医院设计方案。采用先进的医疗设备和信息管理技术，综合建造成本、运营成本、技术成本，注重环保、节能和可持续发展，强调整个医院高效率的医疗服务，全面提升医院的整体能级。

（2）以人为本的人文医院

以患儿为中心，内部环境与外部环境相结合，治疗空间与公共空间并重，突出"环境—心理—生理"模式的建筑创意。通过建筑设计展现合理的医疗流程，尽可能缩短患儿的往返流线；合理组织公共空间，提供轻松、舒适的就诊环境；设计完善垂直交通系统，减少患儿的交通与等候时间；注重人性化的细节设计，完善公共配套设施；服务患儿的同时，也为医护和其他工作人员提供舒适的工作环境。

（3）符合儿童心理的建筑立面与形体设计

采用简洁明快的建筑体量组合，配合主入口，以轻松活泼的现代建筑风格体现儿童医院建筑独特的氛围与整体形象特征。

（4）阳光与朝向

本设计要求大部分病房有尽可能多的日照和自然通风，大多数门诊用房要有天然采光。

上海万科儿童医院的规划设计本着全心全意为"小病患"服务的宗旨，让儿童身处医院环境中仍能拥有轻松愉快的心情，以更加积极主动的心态去面对疾病的治疗。

中国　上海市

业　　　主　上海儿童医院
建 设 地 点　上海市新虹桥商务区
总建筑面积　34 990平方米
床 位 数　150床
设 计 时 间　2016年
竣 工 时 间　2022年

LOCAL CONSTRUCTION OF ENVIRONMENT | 057

上：建筑鸟瞰效果图；下：建筑日景效果图

058　环境的在地营造

（本页）建筑主入口夜景效果图
（对页）上：建筑竣工实景；下：室内竣工实景

以具有鲜明时代气息的整体设计为基调，结合裙房上的屋顶绿化以及立面上精巧的细部变化，塑造高品质、极富表现力的现代医疗建筑

LOCAL CONSTRUCTION OF ENVIRONMENT | 061

组合使用多种建筑材料，形成建筑立面上丰富生动的细节变化

（本页）建筑竣工实景（1）
（对页）建筑竣工实景（2）
组合使用多种建筑材料，形成建筑立面上丰富生动的细节变化

上海览海西南骨科医院

上海览海西南骨科医院是一家主要以骨科手术为重点,配合骨科相关如骨代谢疾病及支撑科室,兼顾科研实训、医工转换为特色的专科医院。项目基地位于上海市闵行区华漕镇上海新虹桥国际医学中心内。整体定位为国际化、高端化,与上海市第六人民医院进行战略合作,打造上海市公立医院与社会资本合作的示范项目。

设计概念——温暖呵护的手:俯瞰上海览海西南骨科医院,其弧线的建筑整体造型配合前区广场的绿地曲线,如同医生伸出的手,象征着医护人员对患者骨骼健康的精心呵护。

流线型的住院塔楼与层层退台的裙房有机融合,相互呼应,像一只大手捏合起建筑西侧的人行主入口广场,形成尺度宜人、富有场所感的空间形象。与此同时,利用建筑体型的扭转与退台变化,在建筑的不同标高上植入各具特色的绿化庭院和屋顶花园,将景观与阳光引入室内,将舒适宜人的康复环境带到患者的身旁。

在造型设计中,巧妙地融入览海的拼音首字母"L"和"H",使建筑成为医院名称的物化,从而更具辨识度。

设计亮点:

"柔美"的建筑造型——妙手仁心,用流畅的曲线勾勒出有机的形体;

"透亮"的空间环境——内外通透,模糊室内外的空间界限;

"温馨"的诊疗空间——多学科会诊,家庭式候诊空间;

"高效"的功能布局——流线便捷,轻松的诊疗体验;

"智能"的绿色建筑——全覆盖的物流,信息化的绿色院区。

中国 上海市

业　　　主　上海览海西南骨科医院有限公司
建 设 地 点　上海市闵行区华漕镇278街坊
总建筑面积　99 625平方米
床 位 数　400床
设 计 时 间　2018—2019年
竣 工 时 间　2025年

LOCAL CONSTRUCTION OF ENVIRONMENT | 063

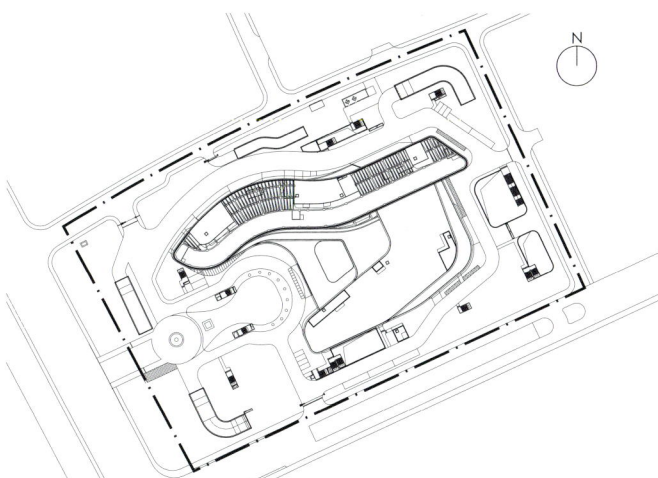

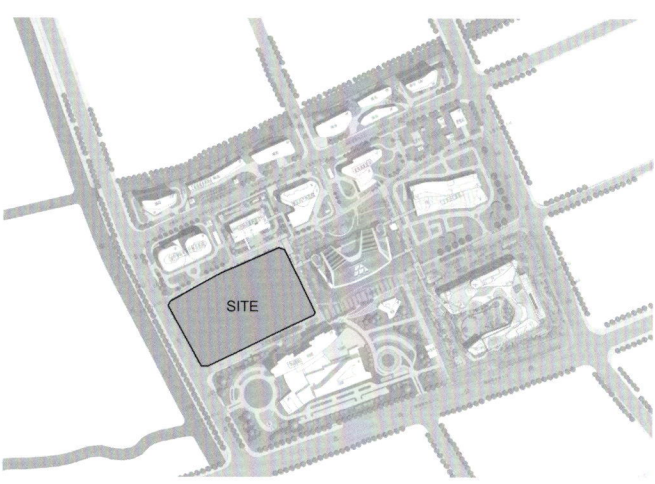

上：建筑鸟瞰效果图；下左：总平面图；下右：基地区位图

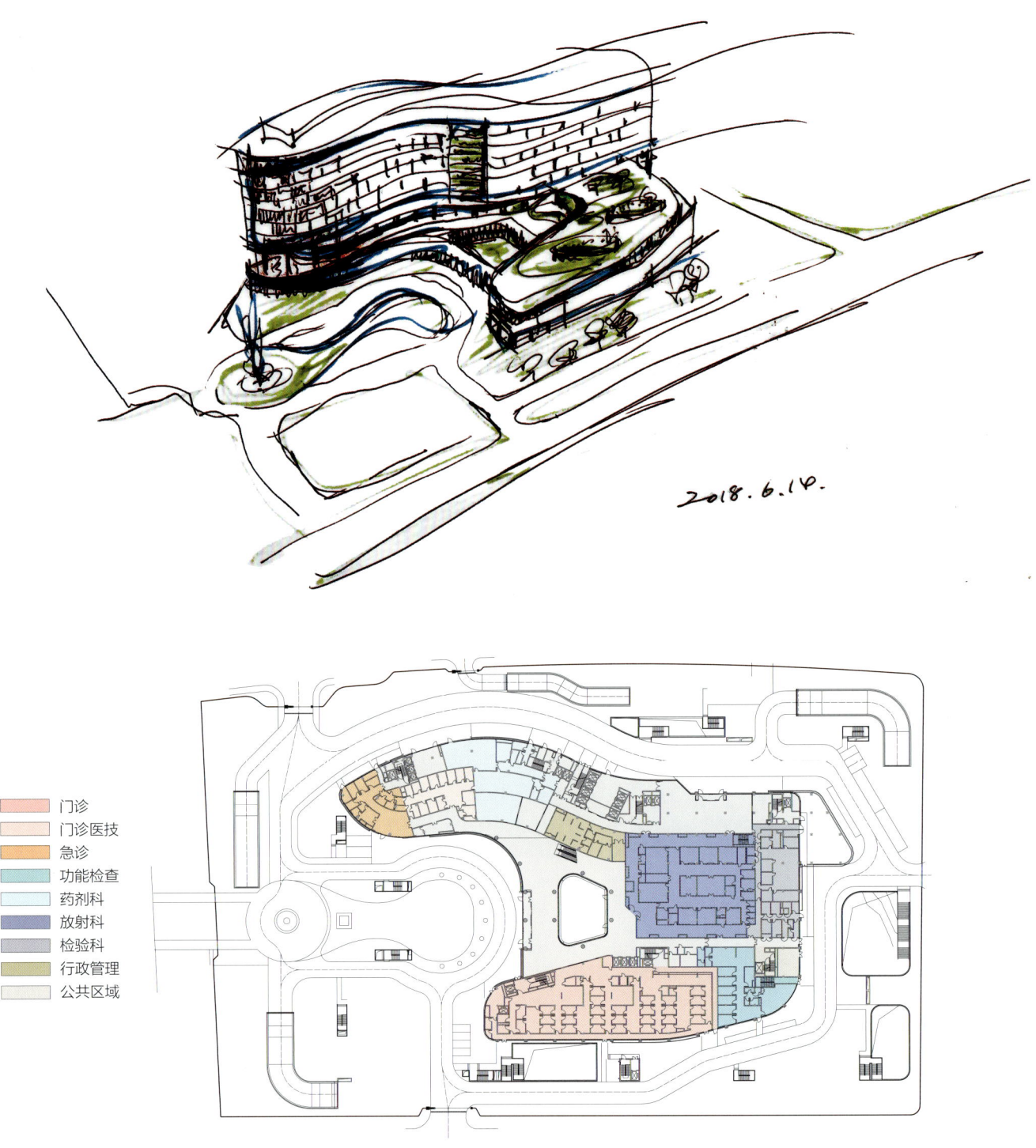

(本页)上:建筑形体设计草图;下:一层平面图

以多种弧形的设计元素体现医疗建筑亲和、典雅的特质,使之成为虹桥医学园区建筑组群中一道亮丽的风景。立体化的退台式屋顶花园以字母"H"为总体布局的设计依据,极具辨识度

(对页)上:大堂室内效果图;下:建筑沿街日景效果图

建筑主入口方向日景效果图

上海市疾病预防控制中心新建工程

上海市疾病预防控制中心新建工程基地位于上海市虹桥商务区，建设用地面积 34 153 平方米，总建筑面积 117 420 平方米，其中地上建筑面积 80 000 平方米，地下建筑面积 37 420 平方米，容积率 2.34。

项目地上主要由三幢建筑组成，建筑地面高度最高 42.2 米，自南向北依次为综合楼、微生物实验楼、理化实验楼，涉及实验用房、实验辅助用房、业务用房、后勤及办公用房等功能。项目地下为两层，主要功能为生物样本库、菌种库、应急储备库、设备机房及地下车库。

项目总体布局为多个建筑单体与广场等公共空间的有机组合。本设计充分将疾病预防控制中心功能布局的合理性、空间利用的灵活性以及室内外环境的舒适性三者有机结合，坚持打造"高标准配置、功能优先、聚焦安全、绿色节能、个性化建筑造型"五大设计特色，使该基础设施的建设达到国际先进、国内领先的水平，并充分发挥硬件升级对功能提升、学科发展的促进作用，用优质的建筑设计为上海市疾病预防控制中心向国际公共卫生发展高地目标的迈进助力。

中国　上海市

业　　　主　上海市疾病预防控制中心
建 设 地 点　上海市虹桥商务区Ⅲ-A01街坊Ⅲ-A01-08地块
总建筑面积　117 420 平方米
床　位　数　400 床
设 计 时 间　2020 年
竣 工 时 间　2023 年

LOCAL CONSTRUCTION OF ENVIRONMENT | 069

上：建筑鸟瞰效果图；下左：总平面图；下右：建筑模型照片

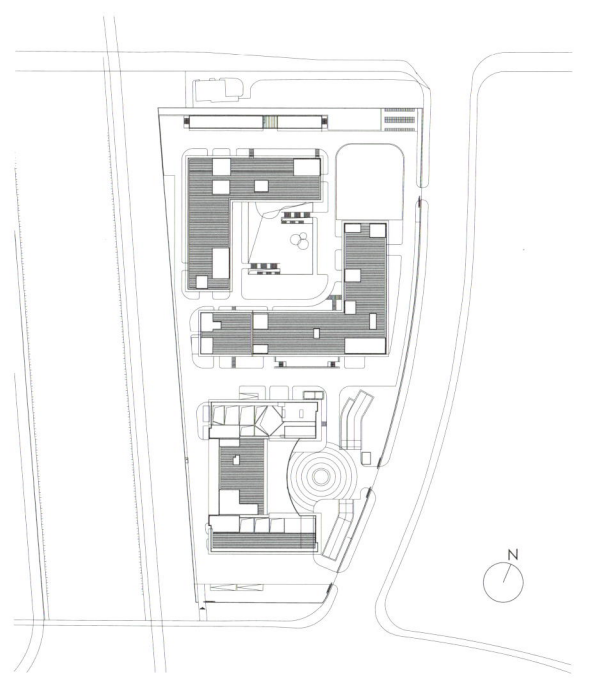

上：建筑鸟瞰效果图；下左：总平面图；下右：建筑模型照片

指挥楼沿街面日景效果图

（本页）上：指挥楼主入口方向日景效果图；下：指挥大厅室内效果图

（对页）上：设计概念手绘示意图；下：建筑沿河面黄昏效果图

设计从海派文化在地出发，使建筑与周边虹桥商务区风貌相融合。通过幕墙与实墙面的精心搭配，打造出简洁、朴实并极富动感的建筑艺术形象。发挥现代建筑材料和结构的特性，运用建筑的层间板外挑形成令人耳目一新的视觉效果

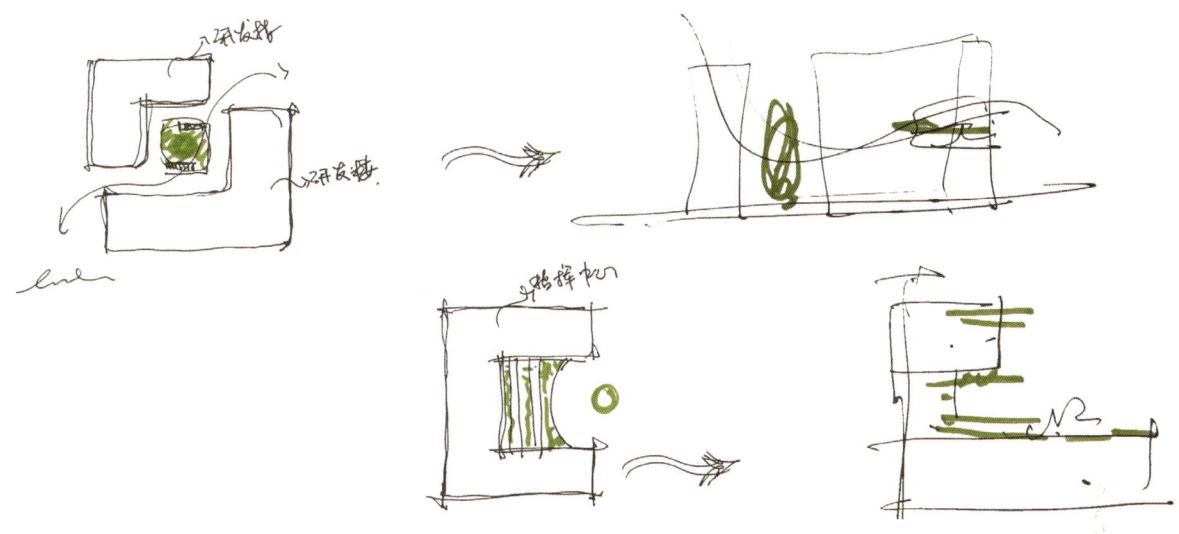

四川大学华西东部医院医技楼概念设计

本项目位于四川省成都东部新区未来医学城，场地周边有大量待建项目，如天府锦城实验室、四川大学华西医院及研究院、四川大学华西医院国家医学中心以及蜂巢式产业加速器一标段项目等。

项目场地内有朝阳寺、摩崖造像等文物保护单位。朝阳寺始建于东汉，距今已有近2000年的历史，历经各朝各代，是我国现存重要的佛教场所。摩崖造像是以石刻为主要内容的佛教造像，置于露天或位于浅龛中，以群组形式出现，与石窟并存。

综合分析场地的实际情况，方案设计的出发点是：注重对场地西南侧留存文物的回应，营造"有记忆"的场所氛围，凸显建筑的"在地性"。

设计中，医技楼与西南侧的摩崖石刻广场相结合，以此构建整体的建筑风貌，并使之成为华西东部院区内的建筑景观亮点。

基地内的景观设计侧重于秩序感、可达性和疗愈性，塑造充满生机的景观环境，让自然绿化成为医疗康复的组成部分，让人、景、建筑和谐共生。

本项目的设计宗旨是将"公园城市"与"建筑在地性""疗愈环境"等理念相结合，营造出一个温馨、独特的医疗空间环境。

中国　四川省　成都市

业　　　主　华西医院
建 设 地 点　成都东部新区董家埂镇
总建筑面积　45 200平方米
设 计 时 间　2023年

LOCAL CONSTRUCTION OF ENVIRONMENT | 075

以层叠、错动的体块形成整个建筑体量，结合体块间的露台打造室外休闲空间

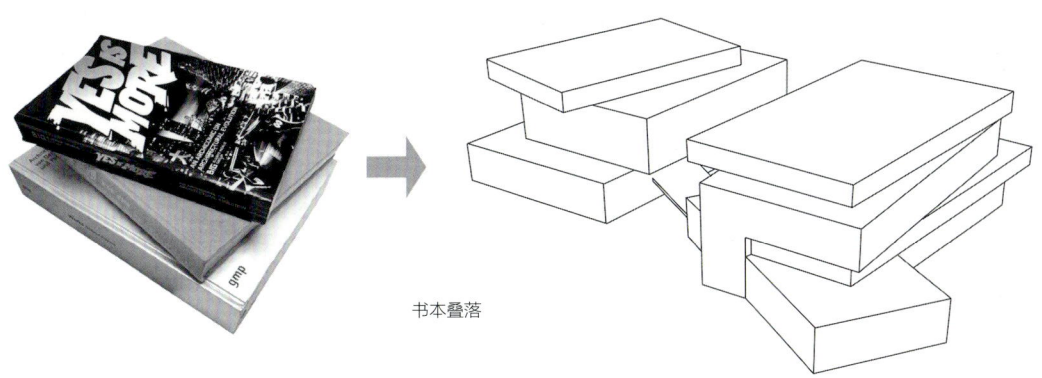

书本叠落

上：建筑鸟瞰效果图；下：设计理念示意图

以层叠、错动的体块形成整个建筑体量，结合体块间的露台打造室外休闲空间

（本页）上：建筑鸟瞰效果图；下：建筑日景效果图（3）
（对页）上：建筑日景效果图（1）；下：建筑日景效果图（2）

苏州君奥医院

项目基地位于江苏省苏州市中心以东约13.5千米的工业园区内,属于独墅湖科教创新区——金鸡湖景区东南侧,毗邻独墅湖自然湿地。本项目的建设目标如下。

(1)开拓创新的研究型医院

建成后的苏州君奥医院将是一所高水平的研究型三级专科医院,提供个性化精准医学服务外,以转化医学研究以及临床医学研究创新为特色,并深化药、医、研、学的融合创新发展。建筑师要提供与之匹配的多样化空间和环境设计。

(2)走向未来的数字医院

建成后的苏州君奥医院将通过智能诊室、数字化手术室等新物联空间模式,实现患者病情的提前探知、异地远程诊疗以及远程手术等。智慧导航导诊系统、全息智慧病房、数字人体平台、智能监控系统、智慧健康助理、智慧物流系统等的构建,将实现医院的"智慧化"全面升级。以上医疗技术的新发展将引发相关建筑设计理念的全面升级。

(3)节能生态的绿色医院

建成后的苏州君奥医院不仅拥有高品质的绿色生态的疗愈环境,而且节能环保建筑材料的使用以及对太阳能等可再生能源的有效利用,将为医院未来的可持续发展提供有力保障。这需要以建筑设计为龙头的多学科、多专业的密切合作。

以以上建设目标为依托,建筑造型的设计更要别具匠心。在本设计中,医院建筑的风格简洁、现代。主楼侧立面和裙房外立面运用了竖向渐变的外表皮,丰富了建筑整体设计层次,颇具时代感和创新性。

中国 江苏省 苏州市

业　　主　苏州君奥医院
建设地点　苏州工业园区
总建筑面积　117 420平方米
床 位 数　700床
设计时间　2020年

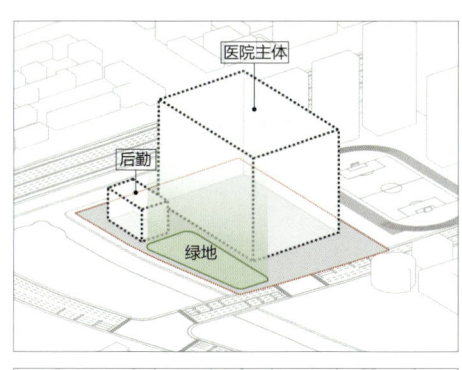
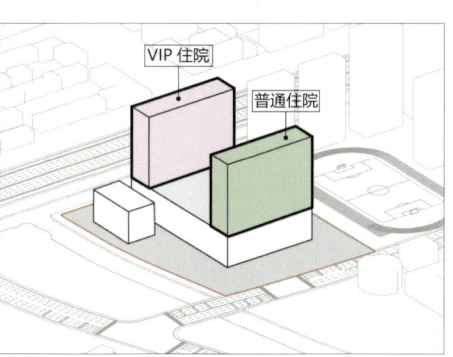
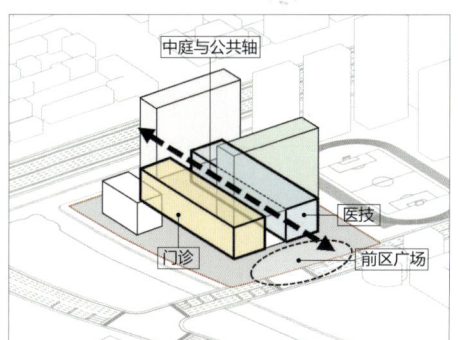
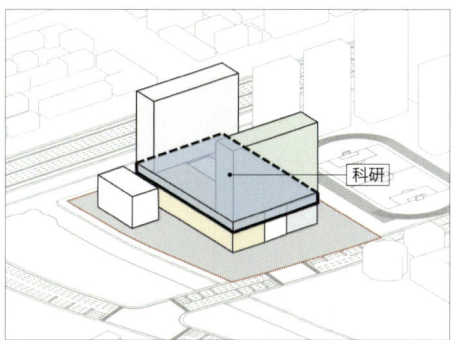
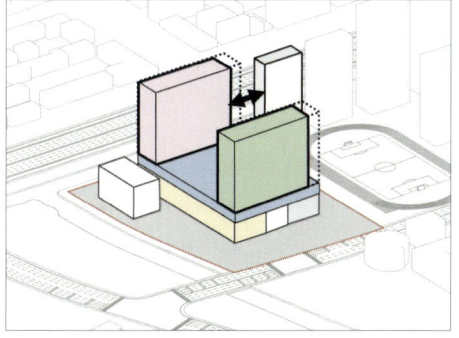
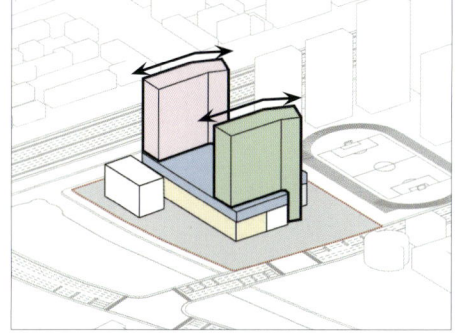

上：建筑鸟瞰效果图；下：形体生成分析图

环境的在地营造

（本页）上：建筑日景效果图（2）；下：形体设计手绘图
（对页）上：建筑日景效果图（1）；下：建筑夜景效果图
建筑设计风格简洁、现代。主楼裙房外立面运用了竖向渐变的表皮设计，丰富了整体立面层次。这是通过建筑语言表达时代感和科技创新的一个典型案例

浦江实验室永久用房项目概念设计

浦江实验室永久用房项目的工作宗旨为开展战略性、前瞻性、基础性重大科学问题研究和关键核心技术攻关，凝聚和培养高水平技术人才，打造"突破性、引领性、平台型"一体化大型综合性研究基地，建设国际一流的人工智能实验室，力争成为享誉全球的人工智能原创理论和技术的策源地。

在满足浦江实验室永久用房项目的功能需求，并且充分考虑基地特征的基础上，本项目重点突出了以下设计理念。

（1）承载未来的"科技之舟"

项目基地东面有一条水质优良的河道，沿河将设计大尺度的一体化裙房，寓意为：浦江实验室永久用房是承载未来的"科技之舟"。

（2）围合的花园式建筑

依照以人为本，内部环境与外部环境相结合的总原则，设计将科研办公与公共空间并重，突出"环境－工作－生活"一体化的新模式建筑创作。

由于围合的裙房屋顶花园具有安全、安静、不张扬的特性，是工作人员理想的共享交流空间。此外，中央花园、景观平台与 AI 运动场有机结合，打造一个活力四射的花园式建筑。

（3）开放性入口

建筑主入口局部架空 2 层，以一个开放的姿态，凸显建筑的宏伟气势。

（4）共享中庭

AI 展示中庭位于建筑南侧科研楼，是一个被精心设计的三层通高、逐层变化的共享空间。这里是科学家和参观者交流和分享的场所。将"AI"字母融入空间设计中，使整个建筑群更具独特性和辨识度。

（5）观景平台

科研大楼的两个观景平台可作为空中花园对外开放，参观者通过大厅电梯可直接抵达。这处具有独特静谧氛围的景观点也是一个合适思考或冥想的特殊场所。

（6）立面

该建筑的立面设计力求体现项目的国际化定位。高技、自然、绿色环保等设计元素相辅相成，共同打造出该建筑的独特性。

中国 上海市

业　主　上海人工智能创新中心
建设地点　徐汇区滨江 C 单元西片区 188N-D-13 地块
总建筑面积　180 000 平方米
设计时间　2022 年

LOCAL CONSTRUCTION OF ENVIRONMENT | 083

通过局部架空2层的方式打造开放、醒目的建筑主入口空间，并使之成为这座全新概念的科研建筑的有机组成部分

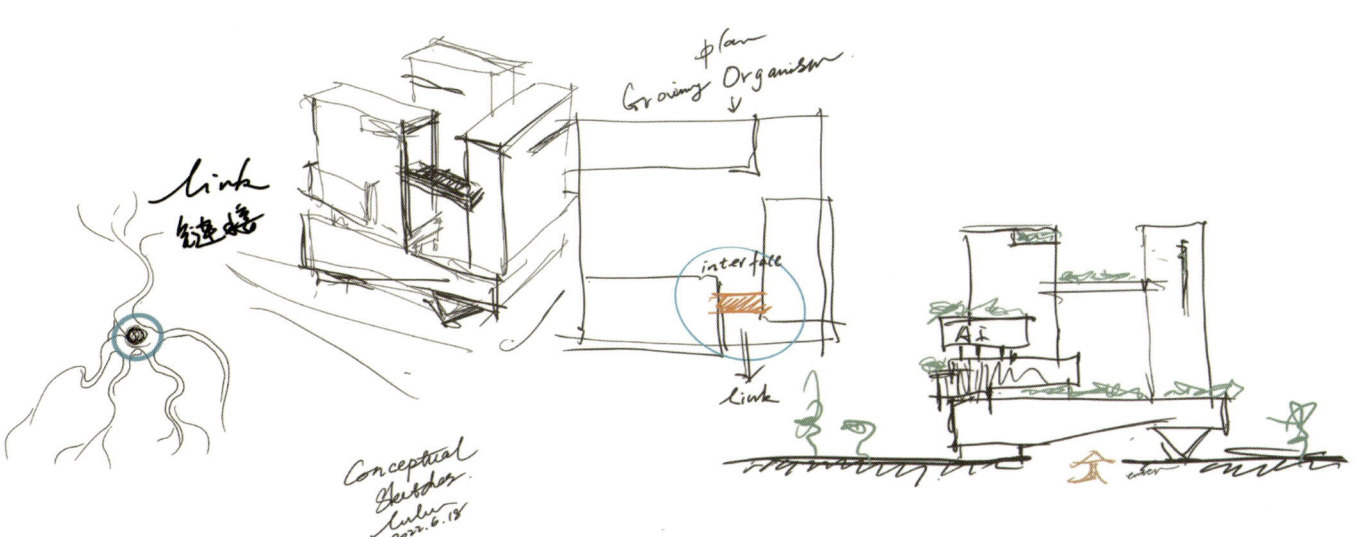

上：建筑主入口方向夜景效果图；下：设计理念手绘示意图

通过局部架空2层的方式打造开放、醒目的建筑主入口空间，并使之成为这座全新概念的科研建筑的有机组成部分

(本页)上:建筑鸟瞰效果图;下:建筑总平面图
(对页)上:建筑沿街面夜景效果图;下:剖面图

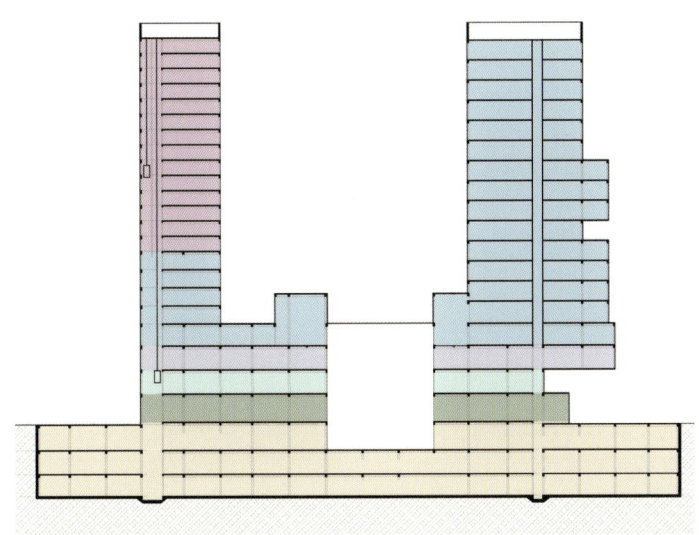

学生公寓
实验用房
科研办公
小型研讨室
信息中心
培训及报告中心
实验用房
图书馆
培训及报告中心
信息中心
设备用房
设备机房
食堂
科普体验中心
设备机房
实验用房
车库
涉水光学实验水池

（本页）建筑主入口夜景效果图
（对页）大厅室内效果图

合肥先进光源项目

本项目位于安徽省合肥市长丰县岗集镇，属于大科学装置建筑项目建设的集中区，距离中国科学技术大学本部约17千米。

园区的总体规划依托项目工艺原理，以270米直径的主体建筑为核心，围绕建筑周边有序展开，同时预留发展用地。规划方案强调"绿色环境、绿色能源"的设计理念，以主体建筑庭院为中心延展出两翼的"科技之眼"，周边建筑依次环绕，共享园区"绿肺"。

主体建筑的设计原则是：

（1）各功能块依托工艺原理生成，组织模式高效、实用、便捷；

（2）采用不对称式，局部设置长线站大厅，避免束线穿墙，减少对主体建筑以及环境的影响；

（3）将科研用房与主环建筑结合一体，使不同科研空间的联系更加便捷；

（4）大厅外围设置房间，用以稳定大厅内环境。

主体建筑屋顶最高点标高为18米，室内净高为12米。外环实验用房局部为两层，通过两个人行天桥跨越隧道顶部，连通内环设备厅。线站大厅上空设置两台20吨环向桁车，吊钩下距地面净高为9米，其服务范围覆盖整个线站大厅（包括内技术走廊）。

本项目设计将工艺美学与建筑美学相结合，力图将之打造成一张独特的城市名片。

中国　安徽省　合肥市

业　　　主　中国科学技术大学
建 设 地 点　合肥市长丰县岗集镇
总建筑面积　97 911 平方米
设 计 时 间　2022 年
竣 工 时 间　2027 年

建筑鸟瞰效果图(1)

建筑鸟瞰效果图（2）

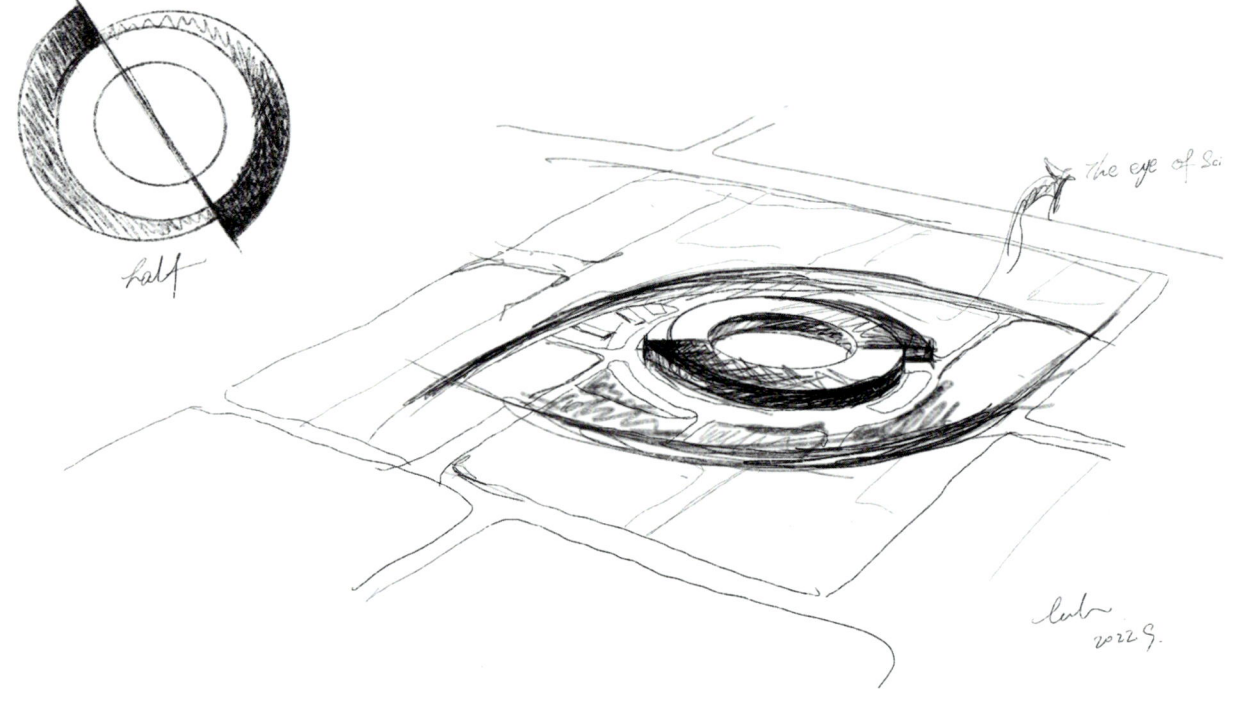

（本页）上：以建筑鸟瞰图表达"科技之眼"的设计理念；下：手绘设计稿
（对页）上：建筑鸟瞰效果图（3）；下：一层平面图

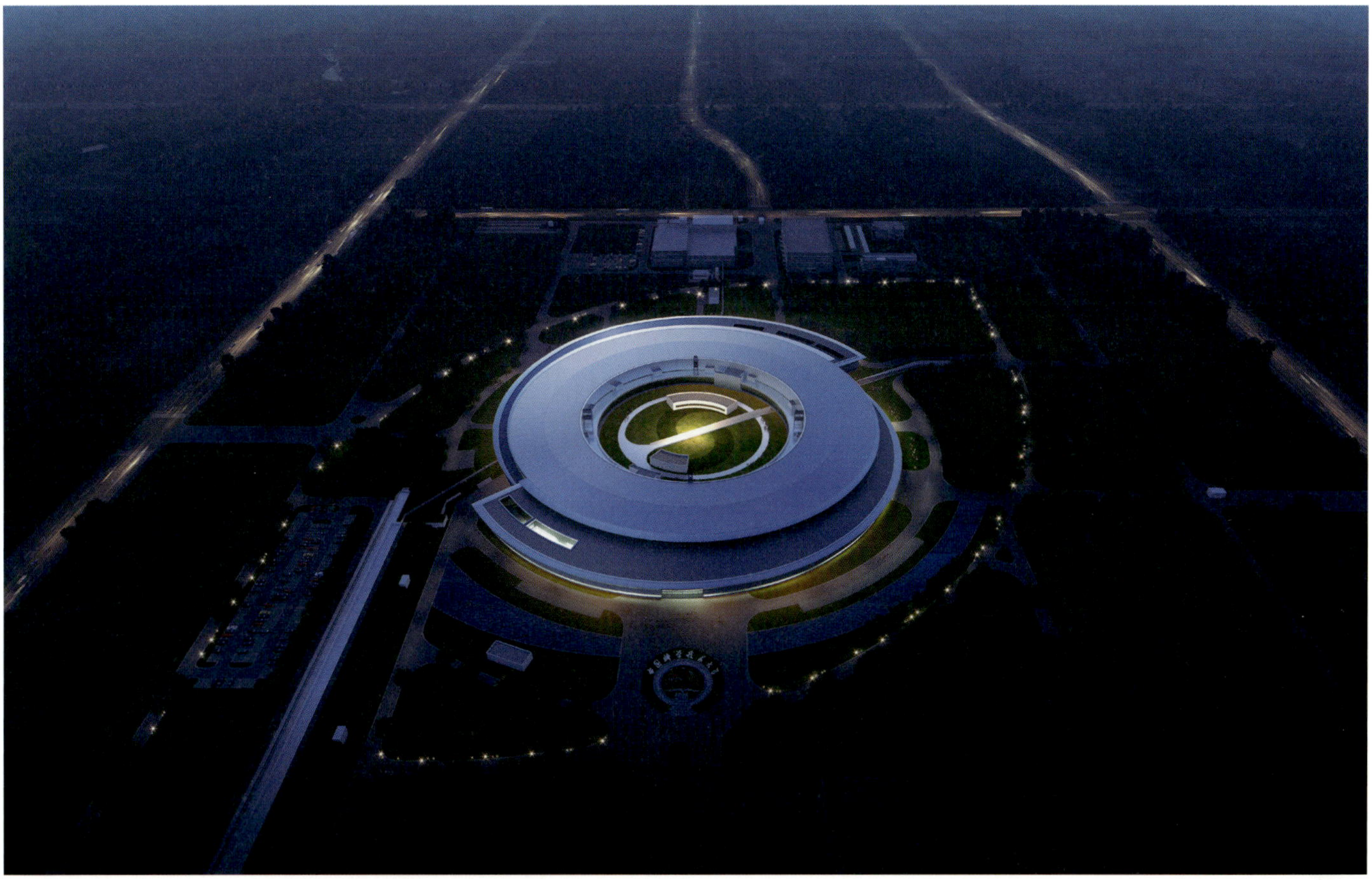

LOCAL CONSTRUCTION OF ENVIRONMENT | 093

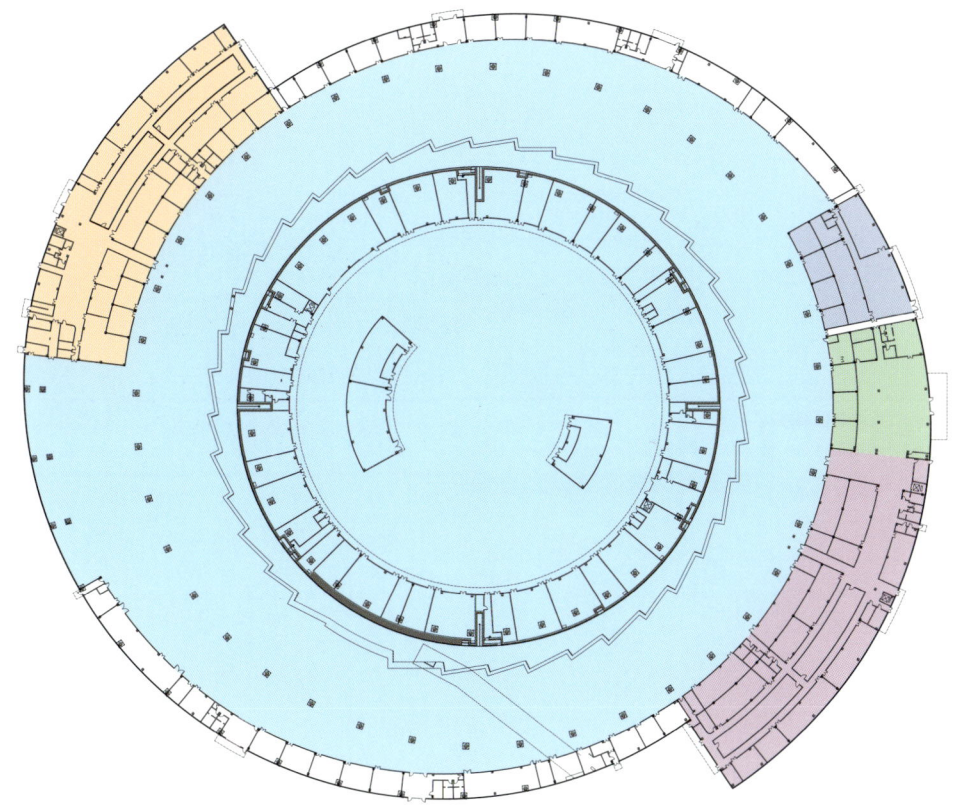

- 线站大厅
- 真空调试厅
- 门厅/展厅
- 综合试验区
- 实验部调试区

094 | 环境的在地营造

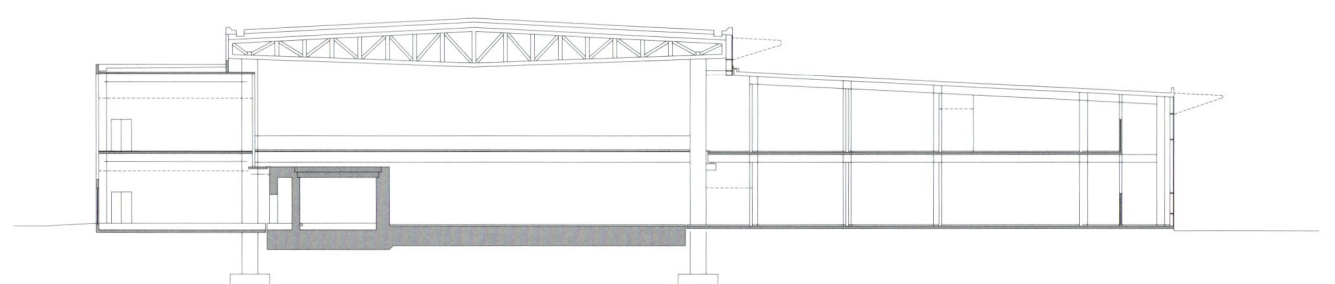

LOCAL CONSTRUCTION OF ENVIRONMENT | 095

（本页）上：主体建筑日景效果图；下：建筑日景效果图
（对页）上：建筑鸟瞰效果图；下：主体建筑剖面图

临港新片区生命蓝湾国际研究型医院概念设计

本项目位于中国（上海）自由贸易试验区临港新片区，距离滴水湖约17.8千米。基地东侧为城市绿化带，南侧为住宅区，西侧为住宅及初级中学。

设计理念：

（1）打造新一代以科研为内核驱动力的研究型医院；

（2）打造可以便捷进行科学研究和科学成果转化的企业型医院；

（3）打造利于激发科研人员创新灵感的公共交流空间；

（4）坚持医防融合，打造医疗、防御一体化的新型医疗典范；

（5）打造拥有良好生态景观、节能环保、具有可持续发展前景的绿色医院；

（6）打造具有高水平互联网络、高智能型的数字化医院；

（7）打造以人为本、促进高效医疗服务的建筑设计典范；

（8）以良好的建筑设计助推最安心的全生命周期诊疗生态。

中国　上海市

业　　　主　上海临港奉贤经济发展有限公司
建 设 地 点　中国（上海）自由贸易试验区临港新片区
总建筑面积　130 000平方米
床 位 数　500床
设 计 时 间　2023年

上：建筑鸟瞰效果图（1）；下：建筑鸟瞰效果图（2）

（本页）总平面图
（对页）沿街夜景效果图

徐汇区精神卫生中心新院

地域风格的彰显

原徐汇区精神卫生中心位于龙华西路 249 号，与龙华街道社区卫生服务中心合署办公，设施老旧，床位紧张，已无法满足患者的医疗服务需求。该项目基地位于上海市徐汇区南部华泾镇，北侧紧邻外环高速路，交通可达性较好。建设规模 50 346 平方米，其中地上建筑面积 30 800 平方米，地下 19 546 平方米。

徐汇区精神卫生中心新院主要用于保障重性精神疾病患者的住院收治和日常门诊诊疗，以完善硬件建设、提升精神专科诊疗服务能力同质化水平、加强区域性专科医院的亚专科建设为目标；日常诊疗从"以精神疾病防治为中心"逐渐向"以心理健康为中心"转变，不断拓展服务内涵。该院定位为二级精神专科医院。

根据徐汇区精神卫生中心新院的发展定位和使用特点，设计需要提供安全的诊疗流程，以提升医院的服务品质，提高医护人员的工作效率，同时带给患者亲切、愉快的就医体验。

营造舒适的建筑内部环境，通过材料、色彩、无障碍、倒角等细节设计，全方位打造一座安全、舒适的精神疗愈家园。

新建筑以优雅的形体以及与周边街区老建筑协调一致的立面色调和质感，与环境相融合，营造出亲切、温馨的场所氛围。

中国 上海市

业　　主　上海徐汇区精神卫生中心
建设地点　上海市徐汇区南部华泾镇
总建筑面积　50 346 平方米
床 位 数　600 床
设计时间　2022 年

LOCAL CONSTRUCTION OF ENVIRONMENT | 101

上：建筑鸟瞰效果图；下：沿街主入口人视点效果图

大连先进电子束测试平台项目

本项目基地英歌石村位于辽宁省大连市高新园区西部，与旅顺口区、甘井区接壤。项目拟建园区用地的四至范围为旅顺中路东侧、山英路南侧、中部快速路北侧，地块东侧为山体。项目用地面积 56 570.9 平方米。

由于地处千山山脉东南延伸段的辽东半岛最南端，濒临黄海与渤海交界，基地是一片碧海环山、丘陵起伏的景象。基地周边山林青葱，生态良好，自然景观优美；附近有三寰牧场植物园、山地体育运动公园；东北面为中国科学院大学能源学院。

本项目建筑的总体布局呈现为两条南北走向的线性排列。其中，东侧线性排列了 3 栋建筑，包括：高频超导模组组装测试大厅、低温工厂和能源中心；西侧线性排列的建筑为高频超导注入器测试大厅。高频超导模组组装测试大厅与高频超导注入器测试大厅共同组成实验测试区域，低温工厂和能源中心共同组成能源后勤区域。

建筑整体为现代简约风格，立面饰以浅色调：实验测试区域的两栋建筑立面采用浅色石材幕墙和玻璃幕墙，能源后勤区域的两栋建筑立面涂刷同色系涂料，以此形成建筑群的整体感。本设计力求建筑与周围环境的有机统一，秉承以人为本的设计原则，努力打造具有可持续发展的现代化科研基地。

中国　辽宁省　大连市

业　　　主　中国科学院大连化学物理研究所
建 设 地 点　大连市高新园区英歌石村
总建筑面积　12 950 平方米
设 计 时 间　2020 年
竣 工 时 间　2024 年

LOCAL CONSTRUCTION OF ENVIRONMENT | 103

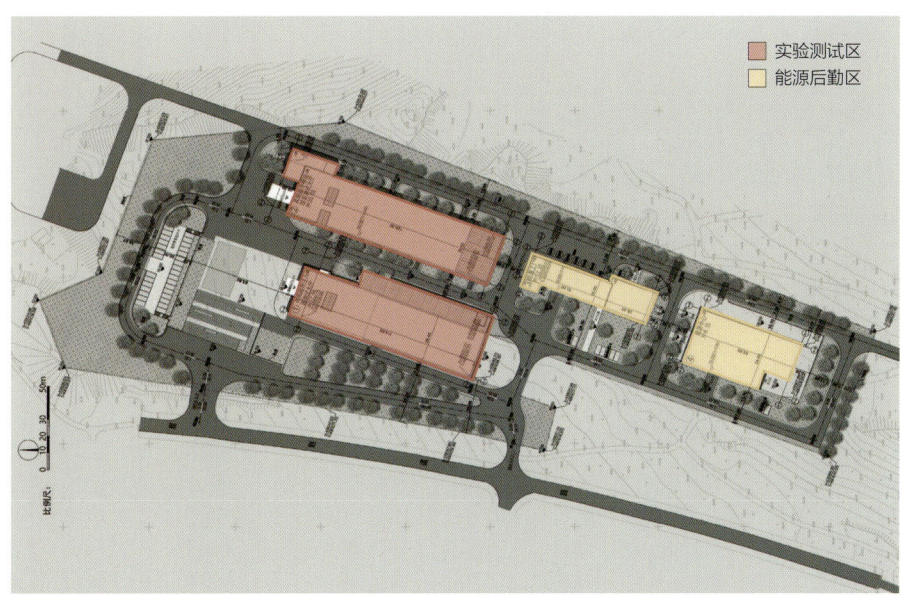

上：建筑鸟瞰效果图（1）；下：总平面图

（本页）上：建筑日景效果图；下：形体设计手绘图
（对页）建筑鸟瞰效果图（2）

建筑外观简洁大气，层次感强。主入口处通过设置景观台阶来解决地形高差的问题。入口处的悬挑视窗如同一条"光之通道"，赋予拥有严肃氛围的科研建筑以蓬勃的活力和动感

建筑鸟瞰效果图（3）

3

地域风格的彰显

MANIFESTATION OF REGIONAL STYLE

临沂金锣糖尿病康复医院新院

本项目位于山东省临沂市半程镇，东侧为郝埠水库，西侧紧邻沂蒙北路，南侧为国道汶泗公路，向南距市中心约为17千米。一期总建筑面积188 400平方米，二期总建筑面积247 600平方米。

为进一步提升整体医疗卫生水平，临沂市市委、市政府加大医疗卫生设施建设，积极引进医疗资源。本项目由临沂金锣糖尿病康复医院投资建设，建成后由济南千佛山医院运营管理，双方的共同目标是打造一座国内知名、全省一流的现代化三级甲等综合医院。

通过调查分析，为使医疗活动更加有效地开展，在院区总体布局上，设计将主要的医疗功能区沿城市道路一侧排列；根据业主的要求和民营医院的特质，医疗功能区被设计成独具特色的由多个集中式组团串联的空间布局，以一期大型综合医院为核心，向北侧"生长"，形成医疗功能发展的主轴。沿水库一侧设置轻医疗分中心与主轴相连。

在形态的设计上，沿城市道路侧的主医疗区，以"方正、刚毅"为设计语汇，塑造出如山石般稳重有力的建筑造型，充分体现了医院建筑的严谨性。方正的建筑平面可以提升医疗功能的空间利用率，有利于医疗活动的高效开展。建筑沿水岸线一侧，设计以柔和的曲线为基调，建筑形态灵动、自由，与水库自然优美的环境相协调。

整体医疗园区的建筑风格由"方正、刚毅"转向"柔和、灵动"，彼此融合，形成一个有机的整体。

中国 山东省 临沂市

业　　　主　金锣糖尿病康复医院
建 设 地 点　临沂市半程镇
总建筑面积　188 400平方米
床 位 数　1000床（一期），500床（二期）
设 计 时 间　2017年
竣 工 时 间　2019年

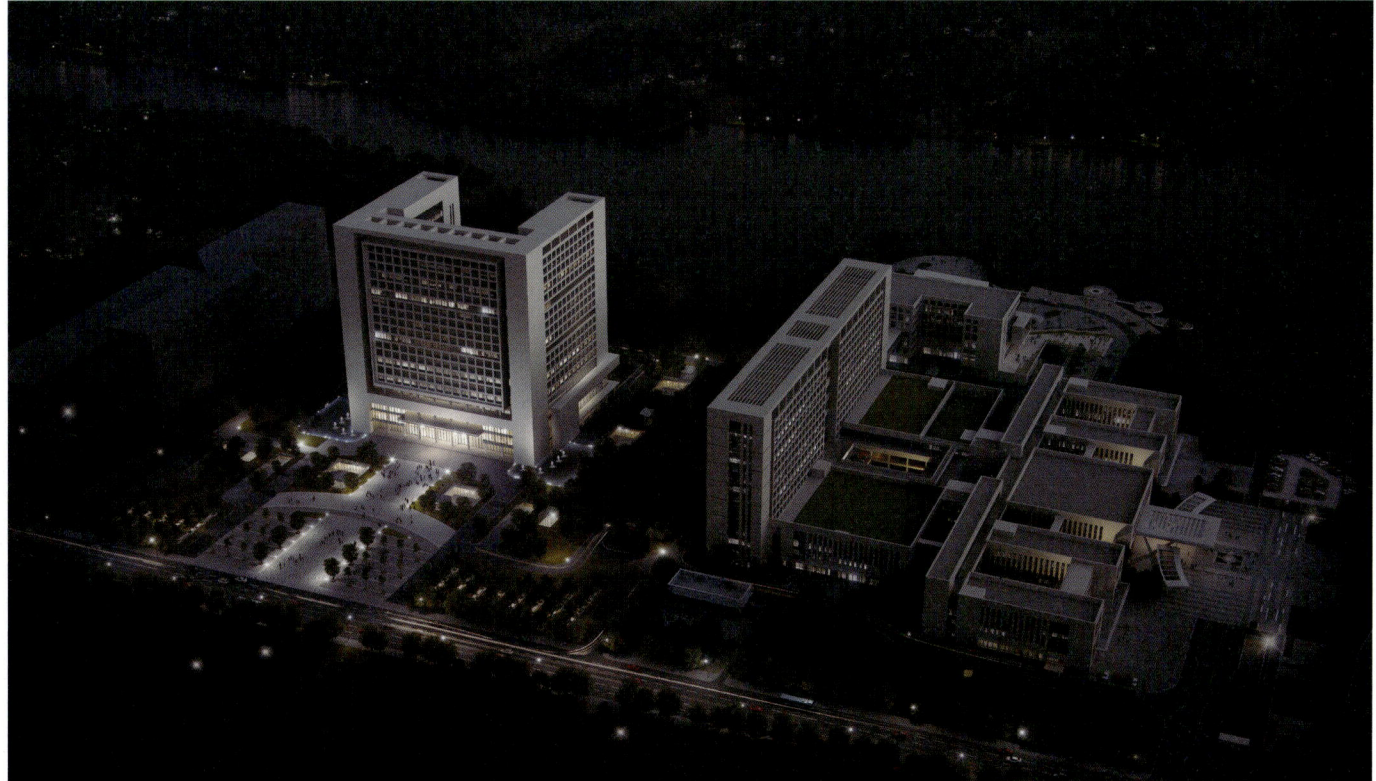

上：建筑鸟瞰效果图（1）；下：建筑鸟瞰效果图（2）

110 | 地域风格的彰显

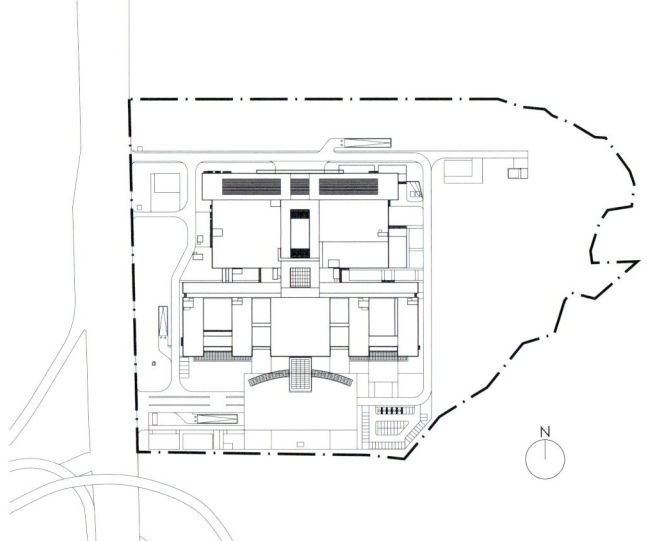

总平面图

提取出来给立面带来的思考

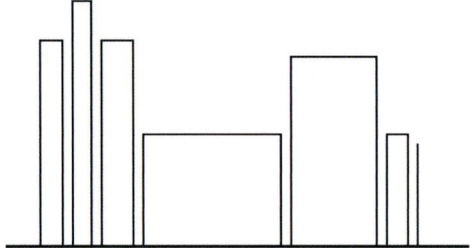

（本页）设计理念分析图
（对页）上：建筑主入口方向夜景效果图；下：建筑形态生成示意图

在形态的设计上，对于沿城市道路一侧的重医疗区建筑，以"方正、刚毅"为设计语汇，塑造出如山石般稳重有力的建筑造型，充分体现医院建筑的严谨性

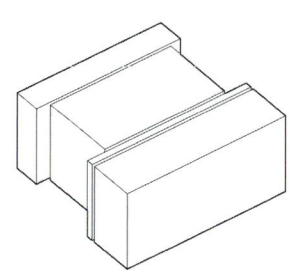
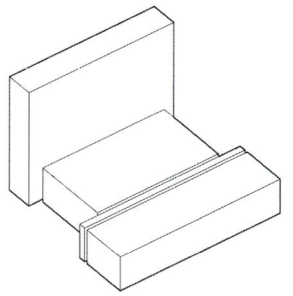
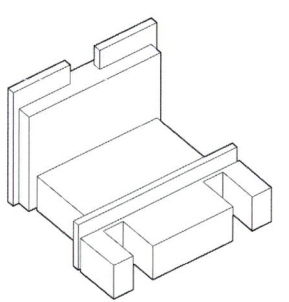
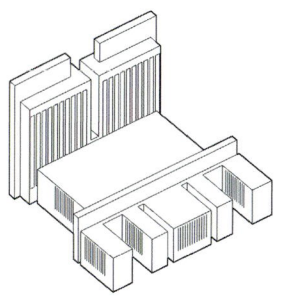

(本页）建筑日景效果图
(对页）与效果图同角度的建筑竣工实景

整体医疗园区的建筑设计语汇由"方正、刚毅"向"柔和、灵动"过渡，结合经济高效的医疗功能和自然生态的水库环境，形成一个各功能区彼此协调呼应的有机整体

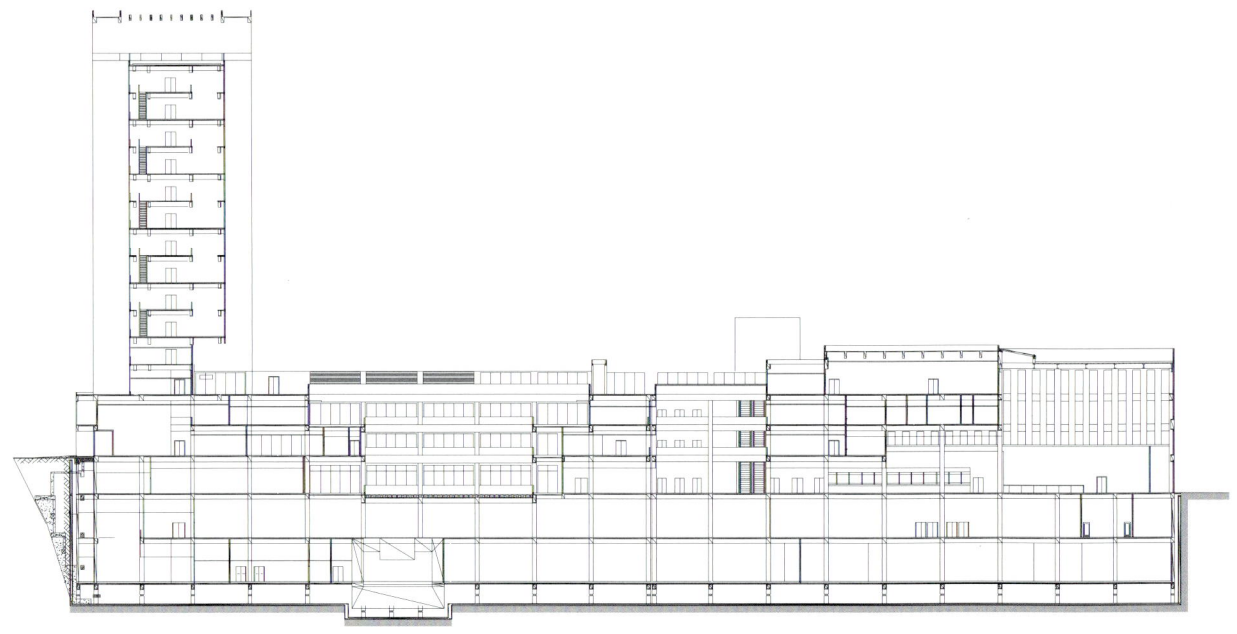

进行了特质化的研究与设计。引入了系统化的绿化庭院和屋顶花园，为建筑内部空间引入更多的阳光与绿意，打造有利于医患心理健康的良好环境

（本页）大堂室内效果图
（对页）上：建筑竣工实景；下：剖面图

以"总体布局集约高效、建筑空间灵活可变、公共空间舒适宜人"为主要方向，对项目的空间组织和规划进行了特质化的研究与设计。引入了系统化的绿化庭院和屋顶花园，为建筑内部空间引入更多的阳光与绿意，打造有利于医患心理健康的良好环境

山东省肿瘤防治研究院技术创新与临床转化平台项目

项目地块位于山东省济南城西，京台高速以西，烟台路以北，毗邻济南西站，市政配套条件成熟。项目规划总用地面积 37 417 平方米，总建筑面积 88 350 平方米，地上建筑面积 56 795 平方米，地下建筑面积 31 555 平方米。建筑高度 106.2 米，地上 21 层，地下 2 层。

由于本项目坐落于济南市国际医学科学中心，是该中心的重点示范工程，而建成后入驻其中的院方也有着力争成为立足山东、辐射全国、影响东北亚的以肿瘤治疗与研究为特色的高端医疗中心与临床转化平台的宏大愿景，因此"绿色环保、高端引领、创新合作、地标示范"的设计理念始终贯穿于项目设计建设的全周期。

该项目的整体布局以南北和东西两条景观轴线为基本骨架，以此来组织和串联室内外空间。建筑布局形式为"一体两翼"："一体"即指 21 层医疗综合楼，"两翼"指地块东侧的质子中心和西侧的国际会议中心。"一体两翼"象征着"大鹏展翅之势"，表达了对院方在肿瘤临床与研究事业上走向"国内领先，国际一流"的美好期许。

建筑平面采用柔和的曲线形式，结合下沉庭院、屋顶花园和集中绿地塑造出层级丰富的立体景观，让人置身于亲切宜人的绿色生态环境中。

建筑立面采用统一的尺寸模数与墙面划分方式，使其产生明确、严谨的韵律感，采用铝板和大片落地玻璃窗等材质，以大块面的虚实对比形成层次鲜明的立面质感。

该项目本着"绿色医院、和谐景观"的设计理念，追求明快、开放的空间设计。整体以"简洁、大气""经济、环保"为主线。与院方力争成为"国内一流，国际领先"高端医疗中心的雄心大志相呼应，设计以柔和的曲线形体结合下沉庭院、屋顶花园与集中绿地塑造出层级丰富的立体景观，以理想的疗愈环境和端庄、清新的建筑形象展示出一座现代化医院特有的风格特征。

中国　山东省　济南市

业　　　主　山东省肿瘤防治研究院
建 设 地 点　济南城西
总建筑面积　88 350 平方米
设 计 时 间　2018 年
竣 工 时 间　2022 年

MANIFESTATION OF REGIONAL STYLE | 117

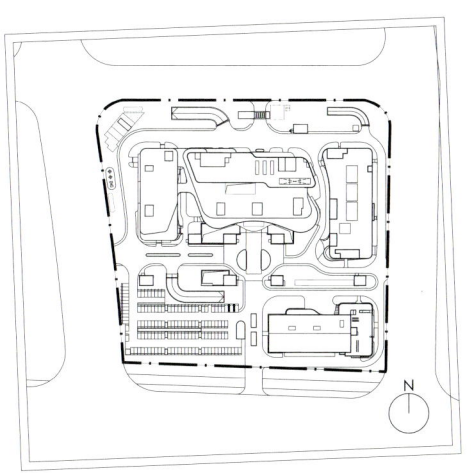

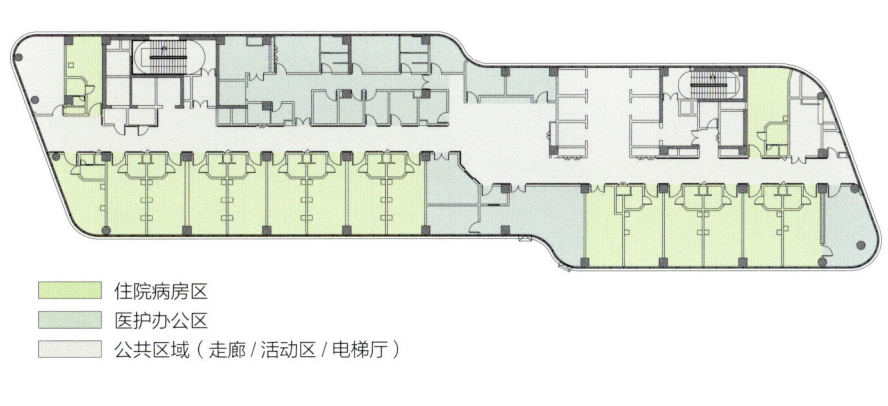

住院病房区
医护办公区
公共区域（走廊/活动区/电梯厅）

上：建筑鸟瞰效果图；下左：总平面图；下右：七、八层平面图

地域风格的彰显

- 质子设备及配套（放疗区）
- 放疗科（直线加速器）
- 放射影像科
- 核医学
- 设备机房

（本页）上：治疗中心日景效果图；下：主楼日景效果图
（对页）上：建筑主入口方向日景效果图；下：地下一层平面图

120 | 地域风格的彰显

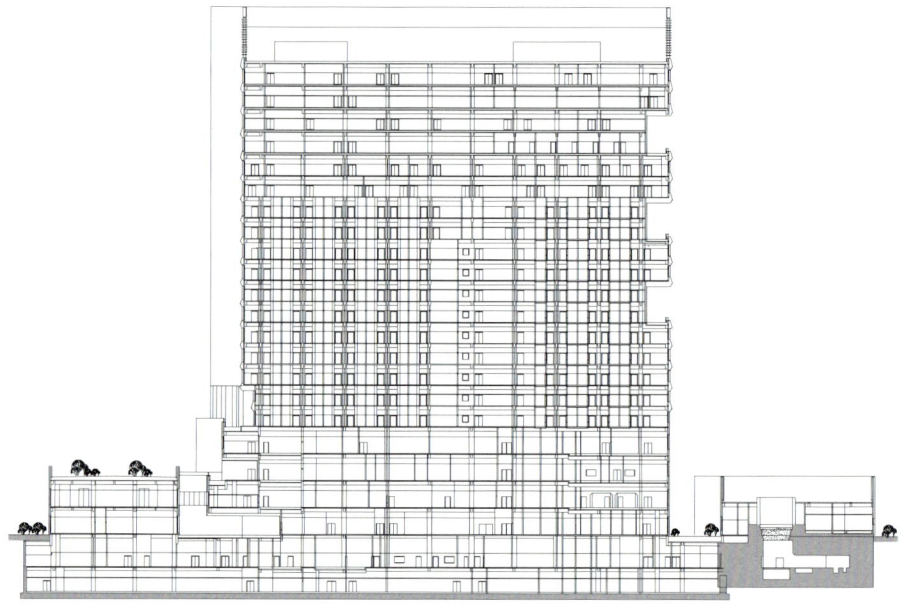

（本页）上：建筑日景效果图；下：剖面图
（对页）建筑夜景效果图

（本页）建筑竣工实景

（对页）上：建筑主入口竣工实景；下左：质子治疗室室内竣工实景；下右：公共空间室内竣工实景

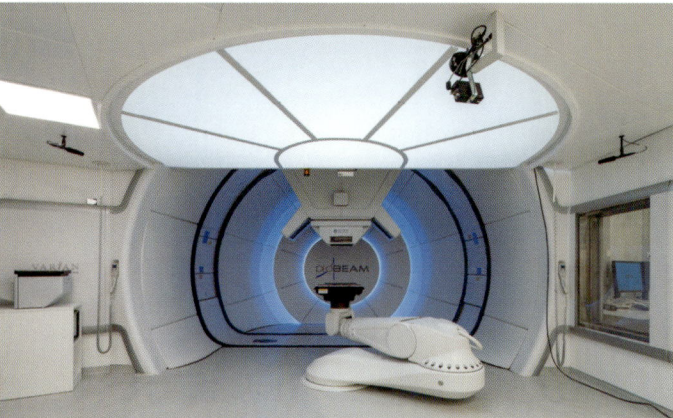

建筑竣工实景

中山大学附属第一（南沙）医院概念设计

广东省广州市南沙区位于粤港澳大湾区的地理几何中心，是连接珠江口两岸城市群和港澳地区的重要枢纽。明珠湾区是南沙重点打造的粤港澳合作核心区和区域性综合服务中心。根据总体规划，"起步区"为明珠湾区的四大组团之一，立足于自身的区位优势和资源优势，以建设粤港澳全面合作示范区为目标，以发展金融服务、商务服务等高端服务业为先导，大力营造生态良好的城市环境和健康时尚的文化氛围，目标是打造成为集金融、商务、高新技术、居住等功能于一体的综合性区域。

本项目的设计概念源自诗句"海浪扶鹏翅，天风引骥髦"（唐代，刘禹锡），寓意为：中共中央、国务院印发的《粤港澳大湾区发展规划纲要》犹如"海浪"/"天风"，将激励和引导着粤港澳大湾区这只"大鹏"/"战马"振翅高飞/昂首奔腾。

项目用地由东合路分为南北两个地块，北地块 88 943 平方米，南地块 65 348 平方米。为了方便患者乘坐公共交通或从主要城市道路前来院区，项目总体设计将主医疗区设在北地块；同时，为了便于医疗与教学工作的协调发展，使教学可以渗透到每个医疗区域，教学培训功能被设置在主医疗区内。南地块主要设置科研试验以及项目配套的宿舍用房。

南北两个地块的建筑在三层及地下二层相连通，此立体的交通体系保证了医护、科研与培训人员可以不受城市道路交通、天气等因素的影响，快捷地往返于两个院区之间。地下 2 层还将两个地块间的车库连通，其间的地下通道既可用作能源中心的管线通廊，也可解决物资传送以及高峰时医院停车位有效利用问题。

两栋医疗大楼在第三和第四层连为一体。国际医学保健中心设在第三层，并有连廊与核心医疗区相连。通过全覆盖物流系统，主医疗区内样本、药品、被服、餐食、污物等均可集中供应和回收。为避免周边城市道路交通对高精度科研仪器和实验装置等的影响，也出于对卫生防疫安全的考量，为科研设施设置防护间距是项目设计的重要内容之一。

中国　广东省　广州市

业　　　主　中山大学附属医院
建 设 地 点　广州市南沙区明珠湾区起步区横沥岛尖西侧
总建筑面积　506 010 平方米
床　位　数　1500 床
设 计 时 间　2018 年

建筑鸟瞰效果图

设计理念手绘示意图

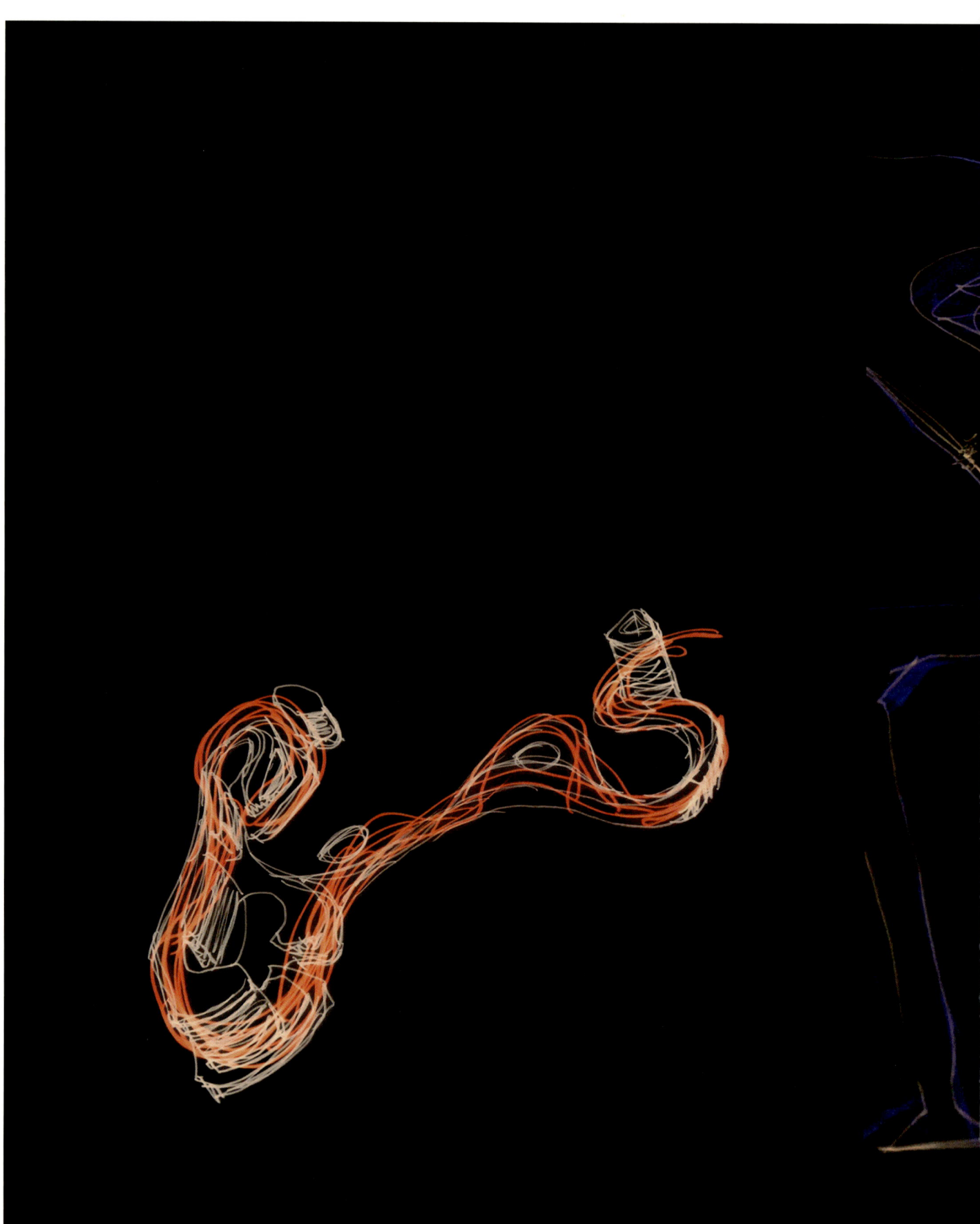

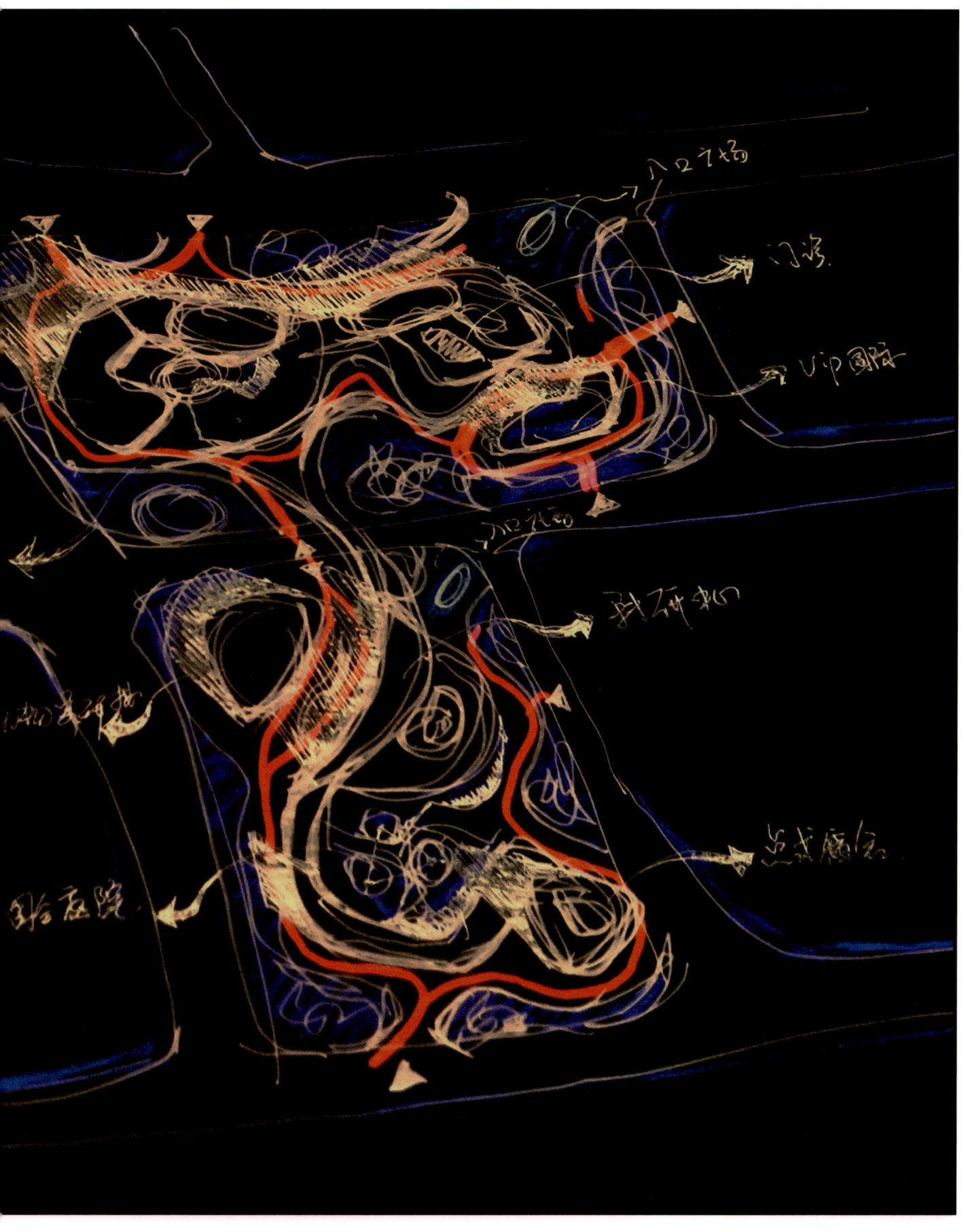

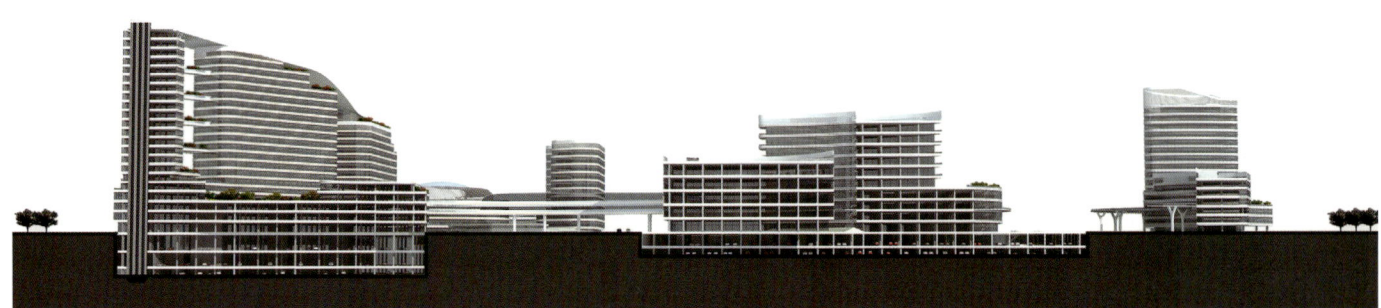

（本页）上：建筑室内效果图；下：建筑雨景效果图
（对页）上：建筑日景效果图；下：剖立面图

建筑沿街面鸟瞰效果图

新疆和美医院概念设计

项目位于新疆维吾尔自治区乌鲁木齐市,西临城市道路,南临规划中的河道,东侧和北侧靠近商业或住宅地块。医院总体设计内容包括综合医疗楼、康复医院和老年公寓三部分,总用地面积为 23 345 平方米,总建筑面积为 40 900 平方米。这是一座以高端服务为重点,集妇幼、整形、口腔、老年护理为一体的大型现代化医院,具有"强专科,优服务"的特色。对此,建筑的设计理念是:

统一性。强调建筑形态与功能的统一,打造符合现代化医疗建筑特征的空间环境。

人性化。体现"以人为本,方便患者"的设计理念,创造舒适、温馨的就医体验。

可持续性。高效利用空间,依据集约用地原则,充分拓展空间的灵活性,并预留未来发展的可能性。

生态化。依据建设中的生态优先原则,打造花园式医疗区,充分利用周边自然景观,加大对节能、生态新技术的运用。

适应性。结合当地地域文化特点,运用弧形的设计元素体现该项目的特质。弧面的建筑造型通过玻璃窗的转折、组合来实现,建筑立面选择干挂石材结合仿石喷涂工艺。这样做既能降低造价,又能塑造出简洁、柔美的医院新形象。

经济性与可持续发展。优化设计细节,充分考虑项目建成后的可持续运营状况,尽量通过设计减少能耗和运行费用,同时在设计上做到理念超前与功能合理适用并举,并为医院未来发展以及医疗技术和设备更新预留足够空间。

中国　新疆维吾尔自治区　乌鲁木齐市

业　　主　和美医院
建设地点　乌鲁木齐市
总建筑面积　40 900 平方米
床 位 数　298 床
设计时间　2017 年

上：建筑鸟瞰效果图；下：总平面图

建筑日景效果图

建筑雪景鸟瞰效果图

室外庭院效果图

海南省中医院新院区（含省职业病医院）

这是一座由海南省发展和改革委员会批准建设的三级甲等中医院。项目位于海南省海口市美兰区灵山镇，椰海大道延长线以北，琼山大道东侧，地处海口市江东新区，即自贸区的集中展示区，西距中心城区 7.5 千米，南距美兰机场 8 千米。本项目的设计愿景是打造一座既凸显中国中医特色，又拥有国际视野的个性化医院建筑。

（1）中医特色与"天人合一"

设计充分挖掘中医院特色，重点打造名医堂/国际医疗中心——将其设于院区南向主立面的中心位置，作为医院形象的第一要素。名医堂/国际医疗中心面向中心花园，拥有极佳的景观环境。设计考虑医院中西医结合的诊疗模式，设立多学科中心空间。将"天人合一，生生不息"的中国传统文化理念渗入建筑空间的设计中，通过空间序列的排布，拆分建筑体量，并使之有机地融于自然环境中。

（2）自贸区风貌与绿色生态

考虑江东新区的整体风貌要求，设计围绕"绿色建筑、绿色能源、绿色环境、绿色管理"展开。以环境优美的共享中心花园为核心，建筑环绕排布。将人流量密集的门诊区域分解成四个单元，并与医技和住院区域拉开一定距离，两两之间形成内庭院。在满足建筑自然采光与通风的同时，给候诊患者和医务人员提供了轻松、舒适的景观环境。住院楼结合垂直绿化设计，从多个维度打造花园式医院建筑。

（3）地方特色与个性化

针对海南独特的地域特色和气候条件，设计中还融入了岭南传统建筑与园林的相关元素，使这座现代化医院建筑别具特色。

中国　海南省　海口市

业　　　主　海南省中医院
建 设 地 点　海口市美兰区灵山镇
总建筑面积　199 476 平方米
床 位 数　1000 床
设 计 时 间　2019 年
竣 工 时 间　2023 年

MANIFESTATION OF REGIONAL STYLE | 143

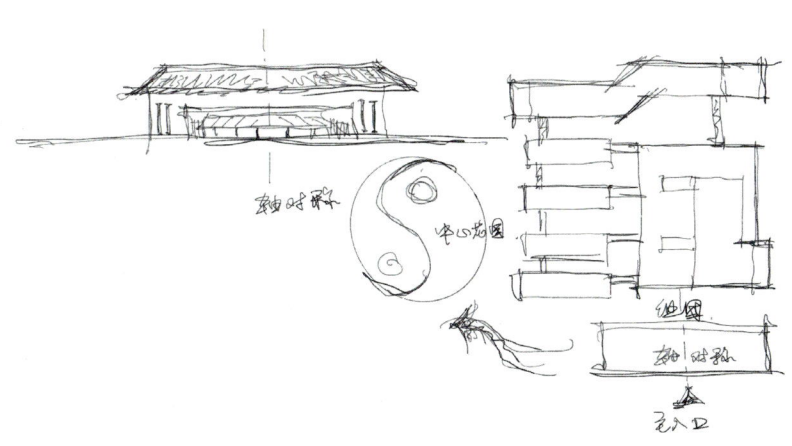

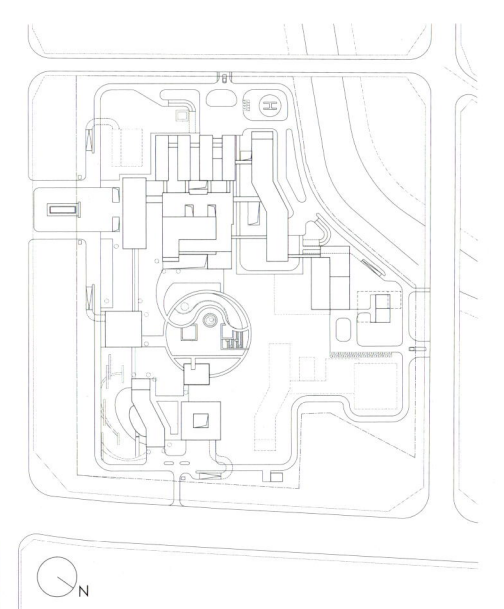

上：建筑鸟瞰效果图；下左：总平面图；下右：设计理念手绘示意图

建筑鸟瞰效果图

(本页)上：中医名医堂主入口方向效果图；下：建筑形体设计手绘图

(对页)上：门诊主入口方向日景效果图；下左：建筑形体局部效果图；下右：一层平面图

整个建筑群落采用中式设计手法，针对海口独特的地域文化和气候特色，以住院部底层架空的方式，引入穿堂风，并形成多样化的共享交流空间

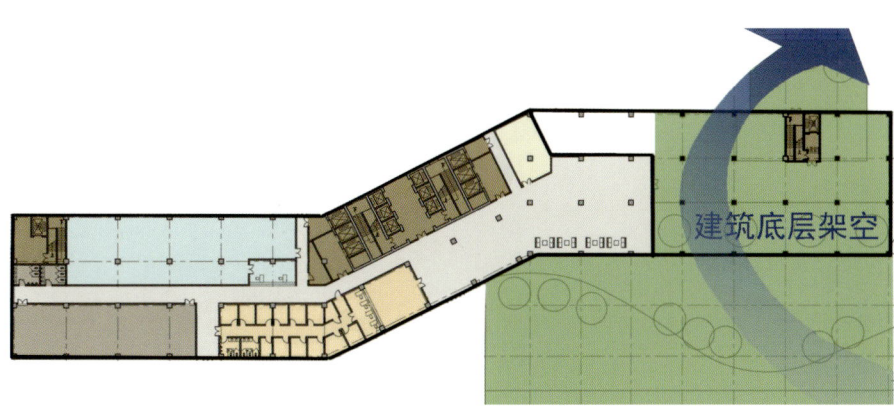

（本页）上：建筑竣工实景（2）；下：建筑竣工实景（3）
（对页）建筑竣工实景（1）

建筑竣工实景（4）

图书在版编目（CIP）数据

艺·筑之路：城市语境下医疗建筑和大科学装置建筑的多样性表达 / 蒋媖璐著. -- 上海：同济大学出版社, 2023.10
ISBN 978-7-5765-0932-8

Ⅰ.①艺… Ⅱ.①蒋… Ⅲ.①医院－建筑设计－研究②大科学－科研院所－建筑设计－研究 Ⅳ.① TU246.1 ② TU244.4

中国国家版本馆 CIP 数据核字（2023）第 188793 号

艺·筑之路
——城市语境下医疗建筑和大科学装置建筑的多样性表达

蒋媖璐　著

责任编辑：武蔚｜**责任校对：**徐春莲｜**装帧设计：**完颖

出版发行：同济大学出版社 www.tongjipress.com.cn
　　　　　（地址：上海市四平路1239号　邮编：200092　电话：021-65985622）
经　　销：全国各地新华书店、建筑书店、网络书店
印　　刷：上海安枫印务有限公司
开　　本：889mm×1194mm　1/16
印　　张：9.5
字　　数：304 000
版　　次：2023年10月第1版
印　　次：2023年10月第1次印刷
书　　号：ISBN 978-7-5765-0932-8
定　　价：105.00元

本品若有印装质量问题，请向本社发行部调换　版权所有　侵权必究